一叶观心

中华茶与紫砂文化闪念录

胡付照◎著

中国财富出版社

图书在版编目（CIP）数据

一叶观心：中华茶与紫砂文化闪念录 / 胡付照著 . —北京：中国财富出版社，2020.4

ISBN 978-7-5047-7138-4

Ⅰ. ①一… Ⅱ. ①胡… Ⅲ. ①茶文化－中国 ②茶具－文化－中国 Ⅳ. ① TS971.21 ② TS972.23

中国版本图书馆 CIP 数据核字（2020）第 059370 号

策划编辑	宋　宇	责任编辑	齐惠民　郭逸亭		
责任印制	梁　凡	责任校对	张营营	责任发行	董　倩

出版发行	中国财富出版社	
社　　址	北京市丰台区南四环西路 188 号 5 区 20 楼　**邮政编码**　100070	
电　　话	010-52227588 转 2098（发行部）　　010-52227588 转 321（总编室）	
	010-52227588 转 100（读者服务部）　010-52227588 转 305（质检部）	
网　　址	http://www.cfpress.com.cn	
经　　销	新华书店	
印　　刷	北京京都六环印刷厂	
书　　号	ISBN 978-7-5047-7138-4 / TS・0105	
开　　本	710mm×1000mm　1/16	**版　　次**　2020 年 7 月第 1 版
印　　张	13.25	**印　　次**　2020 年 7 月第 1 次印刷
字　　数	196 千字	**定　　价**　78.00 元

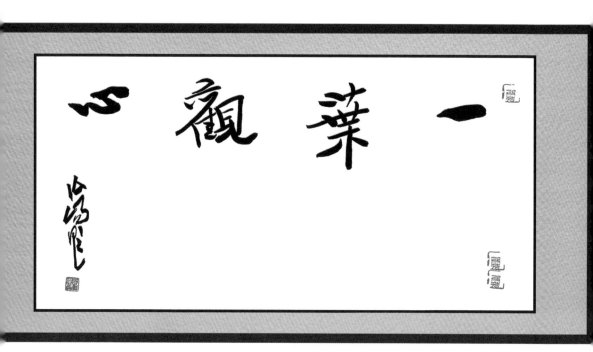

书法家弘嵩先生为本书题写书名

序

PREFACE

　　我的学生胡付照十分幸运，幸运在他生活在无锡，从事茶与紫砂文化的教学研究工作，并且在生活和工作中有所思、有所悟，还能将自己的所感所思酝酿成书。

　　茶是一片神奇的叶子，是上天赐予的，是大自然的恩惠。于无味中得味之趣，于茶之清淡中发现人生。付照在书中对茶、茶文化、紫砂文化进行了解读，其意深焉。

　　作者从老家来到"充满温情和水"的江苏无锡，从此他与茶及紫砂有了甚深之缘。

　　江南适宜饮茶，而无锡尤最。若想品上一口好茶，茶人需要调和诸多因素。首先是有品质好的茶叶，其次是有好的水，最后是有好的茶具，但只有这三者是不够的，要再加上清雅宜人之境和烹煮沏泡之法，方可得一杯美妙茶汤。而前三者，无锡齐备。无锡有曾被奉为贡品的阳羡茶、位列天下第二的惠山寺石泉水，以及名扬四海的宜兴紫砂壶，哪个地方还能有如此好的条件？

　　阳羡，宜兴古称。阳羡茶产于无锡宜兴，故有此名。该茶以汤清、芳香、味醇之特点誉满全国。阳羡茶以南（岳）山、洞山所产最佳。唐肃宗年间，李栖筠守常州时，有山僧献阳羡茶，"茶圣"陆羽以为芳香可供尚方，遂置舍岁供。自此阳羡茶成为贡茶，亦称"阳羡贡茶"。卢仝在《走笔谢孟谏议寄新茶》一诗中赞曰："天子须尝阳羡茶，百草不敢先开花。"杜牧在《题茶山》中亦有："山实东吴秀，茶称瑞草魁。"足见阳羡茶在唐代的地位。

惠山寺石泉，位于无锡市西郊惠山山麓锡惠公园。相传，此泉水经陆羽亲品其味，故又名"陆子泉"；唐代诗人李坤称自己家乡的这口泉为"人间灵液"；清代乾隆皇帝将此泉御封为"天下第二泉"。园中又有天下知名之寄畅园，如于此间饮茶，茶烟漫漫，香气缕缕，在富有历史感的园子里共叙饮茶之简淡真趣，岂不人间幸事？

"人间珠玉安足取，岂如阳羡溪头一丸土。"有"世间茶具称为首"美誉的紫砂壶，盛产于宜兴丁蜀镇一带，是极为美妙的茶器。它既是工艺品，或仿物，或摹器；又耐于把玩，可粗朴，可精巧。农人以之解渴，文人以之寄情，两厢无碍，砂壶美器中的佼佼者而今已成千金难求的古董宝物。

如此一来，好茶、好水、好壶，三者兼备于无锡。付照徜徉于江南幽雅闲静之地品茶，自然独得风韵。

还有一幸运之处。付照供职于江南大学，方得有后来的茶文化教学研究的开展，此又可遇而不可求。

提起江南，人们就有无限遐想。"人人都说江南好，我说边疆赛江南"，我们从小就唱着这样的歌曲；宁夏称自己是"塞上江南"，将自己与江南作比，这难道还无法说明江南在天下人心目中的地位？

江南大学占得"江南"二字，岂不令人称羡？全国数千所大学，只有江南大学濒临中国四大淡水湖之一太湖之蠡湖，占得好风水。校园四季美如画，交织如网的水系将酣畅万顷的太湖与千年流淌的古运河勾连，无锡山秀水灵，无尽变化的水孕育出万种风情，这里最是江南，此地最是旖旎，最得历史之遐想，最合思维之蔓延，最能体味"上善"之美。曲水流觞，波光粼粼；涟承亭榭，漪映楼群；帆樯远眺，水乡泽园。陶朱公遗踪，于此最便追寻；赤马嘴头，东吴在此练兵，曾经鼓角催人。面对烟波浩渺的太湖，约上一二好友，或于小蠡湖之畔，或于太湖神鼋座下，或在史记亭边，或于钱穆、朱宝镛、胡刚复塑像之前，细品佳茗，岂不最为惬意？当年的江南大学文学院院长钱穆，乘一叶扁舟，随身只带茶饮，漂浮于太湖之上，所著《湖上闲思录》，发人深省，意味悠长。若于校园中将饮茶拓展为一门课程，从中体会出深奥的人生哲理，岂不是人生美事？付照在江南大学开设的茶文化课程，岂不是最好的饮茶指南？

付照常效法游圣徐霞客携紫砂壶游历四方，他在品茶中，找到了自由的思想、独立的白我、自主的审美。茶升华了他的人生，因此他产生了强烈的欲望，想借大学的课堂传授自己的所得所悟。《一叶观心》即是付照作为一位大学专业教师在从事高校茶文化与紫砂文化教学研究过程中的所感所思，从理论及实践上引导茶文化初学者认识茶与茶器，思考器物与人的关系，日日习茶，以茶修心，借由茶感悟中华文化之美。

茶已经成为付照与学生沟通的媒介，借由这个媒介，他丰富了自己的精神世界，感受到了外界万象；通过让学生亲口啜饮、亲手辨茶，提高了学生对茶的认识。付照在茶文化的教学中大有收获，不曾想，还被学生举荐为全校最受学生喜爱的老师之一。学生的赞誉，是对教师最好的鼓励。老师仁心慈爱、言行一致，真心相助学生于焦虑、不安、困顿之中，方可获得学生的喜爱。付照一直坚信，唯有一心一意地奉行"爱与善良，有求必应，全心全意为学生服务"，才能做好老师这一行。

书中有泡茶的体会，读完你会发现，品茶原来是这样的。

书中有你所不知道的常识，如茶叶产量和不同材质茶杯的区别等。

书中的配图延伸了读者对文字的感悟，如照片"勤劳的采茶工人们"，拍摄的是一群劳动妇女采茶归来，落日余晖中你看到的是质朴、勤劳，是否和你在有关采茶的舞蹈中所看到的江南姑娘不同？一杯茶水看似平淡无奇，芽叶的得来却蕴含着人们辛勤的劳动。

　　书中记述了付照自己与茶和器结缘的心得，请壶、用壶数百把之后的体会，用紫砂壶泡茶的念想——追求壶之外的哲理、情趣、人生，并介绍了一些制壶大家，讲述了他们的追求与人生。

　　茶文化的教学使付照找到了人生的意义。他心中也有块垒，也有面对期待落空的不适。但是走上讲台之后，他已经渐渐从不自在的课堂里面找到了自由，学生们的宽待让他不断进步，茶文化的教学使他成熟，一片神奇的树叶给他带来了福运。因为茶，他找到了生命中的太阳。热爱茶，热爱课堂，热爱教师这个职业，从而清净从容地接纳因缘所带来的一切。

　　于无锡，于江南大学，开设茶文化与紫砂文化的教学课程，并且深有所得，真的是一种幸运。人生苦短，难得有一热爱的事物，就此坚定地走下去，必有所成。羽翮已就，何不高飞？

徐兴海

庚子春月　于无锡

　　我 1997 年大学毕业后来到无锡，在江南大学经济管理系工作。初入行，主要教授商品学科目，当时因教学工作量不足，遂考虑再开设其他课程。学校鼓励教师为大学生开设公共选修课程，于是我结合大学时代学习过的《茶叶商品学》，面向全校学生开设了"茶叶商品与文化"课程。一届又一届的学生选课，促使我在茶文化教学方面有了更加深入的研究。在此基础上，面向全校本科生我相继又开设了"中国茶道与茶艺""紫砂文化与壶艺审美""中华茶文化与礼仪"等课程，这些课程作为人文素质选修课而设。在商科的本科教学领域，我在工商管理、旅游管理、市场营销等专业教学方面也承担了多项教学任务。随着系部的调整，我一方面不断地接受新的教学任务，另一方面也在告别一些课程。但无论如何，茶与紫砂文化方面的教学始终没有中断。

　　岁月不居，时节如流。不知不觉我在高校执教已经 20 多年了，茶与紫砂文化已经完全融入了我的工作与生活。我是一个茶文化研究的受益者，因为茶，我遇到了指引我攻读硕士的研究生导师徐兴海先生；因为茶，我结交了许多德行高尚的朋友；因为茶，我的身体健康，心态年轻；因为茶，我的家庭和睦团结，万事顺遂。

因为茶，我常思考传统的泡茶法与我的教学对象的关系。据我观察，大多数年轻人对饮茶没有太大的兴趣，这与饮酒相类似。品茶与品酒似乎是需要一点人生阅历的。有调研显示，35 岁左右的男女对用传统方式品茶、饮烈性酒感兴趣。同 20 岁左右的在校本科生谈茶，似乎早了些。因此，我对这方面的课程进行了改革。果然，学生在完成课程之后，爱上了喝茶，亲近了中华文化，有的学生毕业后还专门从事了与茶和茶具相关的工作。学生们的反馈，极大地鼓舞了我，使我继续坚持探索茶与紫砂文化。

　　江南大学是茶与紫砂文化教学的最佳阵地。"人水和谐，水韵江苏"已经成为江苏的一张独具魅力的新名片。江苏是水的江苏。苏南拥有浩渺之太湖，绵延之运河，壮阔之长江；波涛汹涌之江泽，静水深流之湖泊。水的风情在这里体现得淋漓尽致。桥上人伫立，桥下水静流，水滋养得苏南人聪慧灵动、温润坚毅。宜兴地处苏南腹地，古称"荆溪""阳羡"，此地山清水秀，人杰地灵。大约七千年前，宜兴的先民就在这里制陶，用智慧和汗水打造一件件精品。手艺代代相传，成就了宜兴"世界陶都"的美誉。

　　宜兴属无锡，毗邻丁蜀；登黄龙山，伸手可触紫砂。早在魏晋南北朝时期，饮茶就成了江苏地区的风俗。《三国志·吴志·韦曜传》记载，吴主孙皓密赐韦曜以茶代酒。西汉时期，连绵起伏的山峦里就种植了茶树。唐朝时，宜兴阳羡茶因陆羽举荐而成为贡茶，宜兴成为宫廷贡茶的生产中心之一。阳羡贡茶随着大运河之舟而奉贡北上，才有了"茶自江淮而来，舟车相继"的茶事盛景。宋朝时，因贡茶所需，茶叶生产中心由江浙转至闽北，宜兴茶由传统饼茶向散叶茶、芽茶方向转变。元朝时，朝廷在浙江长兴设立"磨茶所"专门生产贡茶，如"金字末茶"。磨茶所进贡的金字末茶使用的原料是甑蒸青的不发酵茶叶，将茶叶磨成碎末，无须压制成型。明朝时，茶政变化及对外贸易的开展，推动芽茶类大发展，江苏再次成为全国茶业中心。洪武二十四年（1391），朱元璋以"重劳民力"为由，诏令"罢造龙团，惟采茶芽以进"，使盛行了千年之久的团饼茶彻底被芽茶所取代。明万历年间，宜兴紫砂壶兴盛，饮茶方式由宋时点茶法变为瀹茶法，以沏泡芽叶为主。宜兴紫砂壶不仅能发茶之真味，还可寄托文人雅士之情怀，成为独具特色的江苏茶器。

茶与紫砂壶无不与水有缘，而我身在川泽，又从事茶与紫砂文化教学研究工作，与茶及紫砂文化也甚是有缘。不论是在教学，还是在平日饮茶中，我都深切地感受到了宜兴茶与紫砂壶之美。万顷碧波太湖水，千载悠悠古运河，水滋养着万物，孕育着文明。宜兴能以阳羡茶和紫砂壶而闻名天下，得益于水。太湖之水，烟波千里，衔浙通皖，包孕吴越；北接扬子，南连钱塘，东濒黄海，西倚天目，襟黄浦而带京杭。碧水汤汤，三万六千顷气吞吴越；雾峦叠叠，七十二黛峰翠染江南。形成于数亿年前的太湖西岸丁蜀黄龙山紫砂矿，富含铁质，可塑性强，经艺匠巧工、千度火烧，终成茗壶，质感温润若玉，色彩悦目，文人雅士常将其放置于书房案头。

我常年生活在运河边，每日都可以听到水浪的击打声，看见一条条船儿驶向远方。流淌千年的大运河承载的不仅是有形之物，还有无形之思。中华民族与河流息息相关，河流文明的精华集中于沿河两岸之城市，又以城市为中心枢纽而延伸到中华文明肌体之末梢。运河联系着人与人、城与城，不仅带来了人们思想上的变化，而且促进了文化的开放与生活方式的多元化。

运河城市既在推动古代社会向更高水平的发展中起到重要作用，又在岁月流转中逐渐演化为一种弥足珍贵的文化资源。2014 年 6 月 22 日，中国大运河申遗成功。始建于公元前 486 年的"活态文化遗产"中国大运河，历经 2500 余年历史，横跨北京、天津 2 个直辖市，河北、山东、河南、安徽、江苏、浙江 6 个省，全长近 3200 千米，沿线 27 段河道、58 处遗产被列入世界遗产名录。大运河是先人留下的宝贵财富，它贯通南北，连接了沿线 30 多座城市，扬州的繁荣，沧州的雄浑，拱宸桥的车马，洪泽湖的涛声……都在大运河文化中画上了浓墨重彩的一笔。

"中国陶都，陶醉中国"，素以"陶都""茶洲"著称的宜兴，非物质文化遗产项目非常丰富，如"宜兴阳羡茶制作技艺"（市级）、"宜兴紫砂陶制作技艺"（国家级）、"宜兴均陶制作技艺"（国家级）、"宜兴龙窑烧制技艺"（省级）等均以活态方式在当代传承创新。每一件艺术品都承载着丰富的文化内涵，走进"陶都"宜兴，便会因宜兴的这份美而陶醉。

我从紫砂技艺的传承和发展中感受到中华文化的脉动，明时宜兴时大彬，清时宜兴陈鸣远，溧阳县令陈曼生，宁波玉成窑梅调鼎，近代宜兴顾景舟、蒋蓉，等等，都是紫砂技艺之集大成者。紫砂器物不仅凝结着陶艺工作者的智慧与心血，还富有文化和艺术价值，自古以来就是文人雅士寄情之物，儒商善贾珍爱之品。

在江南的诸多风物之中，我怎能不对宜兴茶与紫砂壶情有独钟？清代名士汪森曾在一紫砂茗壶上铭刻："茶山之英，含土之精，饮其德者，心恬神宁。"人们饮茶用器追求真茶、原矿，以原矿紫砂沏泡有机真茶，可悦心安神。游圣徐霞客曾携陈用卿壶游历天下，茶圣陆羽以阳羡茶试惠山泉，人生动静之间，一壶茶汤可引人入圣。试想，在青山碧水之间，在静谧清雅园林之中，用美器品上一杯真茶，这样的生活谁不渴望呢？

2020年5月21日，是联合国粮食及农业组织大会审议通过的首个国际茶日。国际茶日的确定，将有利推动中国与世界茶文化的交融互鉴和茶产业的协同发展。这一天是全世界爱茶人共同的节日，人们在品味茶汤中体会中华茶文化的魅力，感悟"正清和雅，廉美和敬"的中国茶道精神。

互联网技术的飞速发展，促使传统产业不断转型升级，商品流通更加方便快捷，现代茶产业与紫砂产业也与时俱进，人们购买茶与茶器已经不是难题。作为地方特产的宜兴紫砂壶几乎成了家喻户晓的宝壶，成为中华文化的符号。兼具泡茶与欣赏功能的紫砂壶，是收藏家争相收藏的对象。拍卖市场上的古董壶、古董茶价格屡创新高。人们面对既熟悉又陌生的茶与壶，多了一份好奇，有越来越多的朋友想了解茶与紫砂文化的内涵。鉴于此，近年来我相继出版了有关茶与紫砂文化的几部著作，与同好分享我在吃茶读壶方面的体悟与见解。

本书汇集了乙未年至己亥年，我在茶与紫砂文化教学研究之中的所感所思，多以散点式短文记录，偶有长篇论述。希望我的这些想法和感受可以给在学习茶与紫砂文化的学子、喜爱茶与茶器的同道带来些许启发，助益他们思考得更加深刻。书中疏漏之处，还请大家批评指正，本人将不胜感激。

"一壶了却千般累，月白风清万里同"，愿你我生活中常有茶香萦绕，健康常在！愿世人都能感受到宜兴茶与紫砂之美；愿温润如玉的紫砂壶和清香雅致的茶，成就世界和谐之美。

胡付照

己亥夏 于无锡运河畔观一居

目录

CONTENTS

苦茶有甘甜

天地之间，自然之子，人藏草木，因茶而圣。茶香五千年，神秘的树叶与人性灵相通。沸水涅槃了茶树之叶，茶气融化了茶人之心。

寄畅园，夏日小坐。三龙护鼎，手持一杯，凝视杯中茶烟慢慢，缕缕茶香入鼻端，养眼目。兰香，淡雅，清和，幽香，在近五百年的园子里，啜饮茶汤而忘却红尘，遥想明人饮茶之简淡真趣。

三楚石匠书法《一叶观心》

① 茶，不是必需品

　　茶是平衡营养的食品。茶叶所含的茶多酚、咖啡碱、茶氨酸对人体有益。喝茶不仅能提神醒脑、生津解渴，同时还能清除自由基、减少辐射伤害、减轻重金属危害等。长期科学健康饮茶，有助于个人的身心健康。茶还是人际交往的催化剂，大家围坐在茶桌前，交流思想，讨论问题，沟通见解，于促进和谐社会有功。茶，可能会给人们的生活带来很多的惊喜，茶有奇妙的香气、复杂的滋味，不妨试着品上一杯，也许从此便会爱上茶。

② 煮煎点泡之变

　　茶要怎样喝？不同的历史时期，流行的饮茶之法略有不同。从最简单易行的角度来看，散叶被沸水煮开，饮茶汤，是普遍被人们所采用的。

宜兴生态茶园

人类何时将茶叶用作饮料，古籍中尚无确切记载。有关饮用茶叶最早的文字记载是在晋代郭璞《尔雅注》中，云："树小似栀子，冬生，叶可煮羹饮。"三国魏张揖的《广雅》载："荆巴间采茶作饼。叶老者，饼成，以米膏出之。欲煮茗饮，先炙令赤色，捣末，置瓷器中，以汤浇覆之，用葱、姜、橘子芼之。其饮醒酒，令人不眠。"把茶作为饮料，用以解渴或提神。

唐代以煎茶为主，陆羽《茶经·六之饮》曰："饮有粗茶、散茶、末茶、饼茶者。"其中粗茶即为粗茶。煎茶是混饮，将茶末投入釜中煎熟，再盛入茶碗中细细品饮。民间煎茶时往往投入盐、姜、枣、薄荷、橘皮等物，添助其味。但这种饮法并不被陆羽推崇。他在《茶经》中说："或用葱、姜、枣、橘皮、茱萸、薄荷之等，煮之百沸，或扬令滑，或煮去沫，斯沟渠间弃水耳，而习俗不已。"唐朝时期的茶以团饼茶为主，也有少量粗茶、散茶和末茶。饮用饼茶之法是磨碎了在鍑中煮饮[①]，所煮出的茶汤为浅黄色，盛于益于观汤色的青瓷茶具中。在饮茶方式上，唐代有煎茶、庵茶、煮茶等。

宋代，点茶成为主流，主要包括炙茶、碾茶、候汤、熁盏、点茶等程序。宋代饮茶高度普及，街市和茶肆文化繁荣，茶文化兴盛，朝廷重视茶叶。宋代的点茶是建安民间斗茶时使用的冲点茶汤的方法，在唐时即已出现。由于蔡襄《茶录》的流行，斗茶在社会各个阶层流行开来，尤其是官僚士大夫阶层对煎点法的推崇，使所用器具变得十分讲究。斗茶又称为"茗战""斗茗""点茶""点试"等。斗茶时，以茶色白、咬盏持久为佳，因黑釉茶盏最宜观茶色、水痕，因而获得极大发展，尤其以建窑、吉州窑创制的兔毫纹、油滴釉、玳瑁纹、鹧鸪斑、木叶纹、剪纸贴花等黑釉茶盏最盛。宋

---

① 详见陆羽：《茶经·五之煮》。其方法大致是：先在风炉上的茶鍑中煮水，沸腾如鱼目状，微微有声，为一沸；烧至边缘如涌泉连珠为二沸。此时，先舀出一瓢水来，随即用茶筴搅动鍑中的水，使其沸腾均匀。量出一定量的茶末，投入鍑中的沸水里，用竹筴搅动，等茶的沫饽涨满鍑面，再将先前舀出的一瓢水倒入鍑中，以缓和水的沸腾，然后将鍑从风炉上取下来，向茶碗中分茶，饮用。前两沸为烧水，后一沸为煮茶。

代的斗茶法 [①] 是先在钵内煎水，然后调制茶膏，调制茶膏的量要根据茶盏的大小而定，茶盏大则茶末放多些，反之则少。在茶盏中放入适量的事先加工好的茶末，再往盏中注入钵中的沸水，然后用茶筅加以搅拌调制，直到调制成浓膏油状。在此过程中，一边加温，一边调制，使盏内有水汽逸出，若加温不足，则茶末不浮，达不到斗茶需要的效果。然后，在茶盏中第二次注入钵中的沸水，此时，即可以观察和评判斗茶的胜负。斗茶开始后，首先要看茶盏内沿与汤花相接处有无"汤痕"，这种汤痕能保持较长的时间且紧贴盏内沿而不退，此现象称"咬盏"。盏内沿先出现汤痕者为输家，而咬盏时间持久者为赢家。

明代崇尚瀹茶，以清饮为主，饮茶方式则以"撮泡"散茶最为流行，茶之器具的喜好已发生变化，使用白瓷，更具雅兴。明代品茶崇尚自然，追求茶叶的自然色、香、味，明确反对在茶叶中添加各种香料，要求保留茶叶的自然之性；茶室讲究简约，以方便茶叶沏泡品饮；对不同产地茶叶的评价有所改变，重视炒青绿茶沏泡方法的研究。

用瓷盖碗泡的龙井茶

① 李晓光 . 我国宋代的斗茶之风及斗茶用盏 [J]. 岱宗学刊，1998（3）.

当代，以瀹茶为主流，泡茶与煮茶最为常见。茶艺及茶文化开始成为时尚，各种仿古饮茶之法成为"茶聚"的趣味项目，人们参与其中，将饮茶视为风雅之举。

随着科技的发展，分离茶叶中有效成分已不是难事。人们以茶入药、以茶入食，开发了多样化的茶保健食品、茶菜肴等。

好茶是设计出来的！眼前的一杯茶，可能是一棵单株茶树上的叶子制成的，可能是采摘多棵茶树上的叶子制成的，也可能是制成的茶叶经二次拼配而成的，还可能是速溶茶或袋泡茶。茶叶的命名，不仅与商品学有关，也与营销学有关。无论如何命名，都是希望茶叶商品与消费者之间能更近些，使好茶能被更多的消费者所喜爱。

③ 怎样喝茶才好

我喝茶时间不算长，若从养成喝茶的习惯来看，大约从来到无锡的1997年算起，到现在也就20多年。从一开始对茶的知识了解甚少，盲从了一些流传说法，到有了个人体悟，有了自己的体会。何时喝茶、怎样喝茶，实在是没有标准答案。我认为，应根据自己的身体状况，如个人体质、肠胃情况等做综合选择。

2019年5月5日在"衡山论茶"高峰论坛上，中国工程院院士陈宗懋以《饮茶与健康》为主题分享了自己的研究成果。研究表明，茶叶具有抗氧化、预防心血管疾病、防癌、抗过敏以及防龋齿的功效，不同茶具的功效有所不同，经常喝茶还可降低老年人认知功能减退的风险。长期、经常性地喝茶，茶叶的强抗氧化活性会对人进行全方位、全身心、近距离的保护。从许多实验室和人体研究中获得证实，每天摄入3~4杯绿茶或600~900mg茶叶中的儿茶素，可降低体重和预防慢性疾病。若每天服用

500~600mg 儿茶素，连续饮用 12 周，可减少大约 1.5kg 人体脂肪。饮茶在动物模型上具有抗癌效果，且效果显著。但在人体的流行病学研究中仅是有效，未达到显著水平，尚未得出准确结论。可见，在抗癌效果上，茶叶在动物体上的效果和人体上的效果差异显著，主要是茶叶中的活性组分在人体上的生物可利用性低。

在日常泡茶、饮茶中，如何泡、泡多久，似乎也很难有标准答案，每个人滋味、香气的感受力是不同的，有人喜欢浓酽些，有人喜欢清淡些，有人认为不苦不涩就不够劲，有人认为喝茶就要喝出那种清香甘甜。因此，饮茶时，应首先确保泡在茶具里的茶是高品质的，再结合茶叶的性质，把握一定的原则，运用一定的技巧，泡出你喜欢的味道。探索如何泡出一碗美味的茶汤，这本身也是品茶、研茶的乐趣。

④ 不泥古，不盲从，自主喝茶

习茶二十几载，读了不少茶书，也写了不少与茶有关的文字，与很多爱茶的人一起喝过茶，渐渐发现，书上说的，某茶要用多少度的水泡多少秒，并不重要。当你喝的茶越来越多，思考得越来越多时，你会发现，所有的泡茶技法与器物选择，最终还是要——对味。对你的味！

每个人的口味与嗜好都有所不同，受儿童时期的饮食影响也很大。所以，当有人特别讨厌喝某茶，或者不喝某茶时，我们要多一些理解与尊重。

当你真正理解茶道的时候，很有可能无法用语言说明白。但当你端起一杯茶，啜饮此物之时，因茶汤而引发出来的各种思绪与感悟，又使你不得不感慨茶作为一种情感交流媒介的神奇之处。独处时，品茶可能是在品读自己，当自己越丰富，离真善美越近的时候，品出的滋味可能会越美妙。与二三好友共品时，茶可能会激发出更多的灵感与智慧。在安静幽雅的场所品一杯茶，可能会感受到禅文化的神奇力量，于温热的茶汤中，得到心灵的慰藉。当端起老师泡的一杯茶时，可能会感受到长者慈爱、温暖的力量。当端起孩子泡的一杯茶时，可感受到家庭的关爱之情。

我常常想，茶是日常生活中的饮食之物，以助益身心的心态面对茶，假以时日，茶一定会给你带来神奇的力量。茶，不仅是一种食物，还是一种媒介，是人与自然沟通的媒介，人与人沟通的媒介，人与心灵沟通的媒介等。借这个媒介，我们丰富了自己的精神世界，感受到了世界万象，坚定从容地爱上了自己泡的茶。

这杯茶好喝吗？不用再去问他人，因为这是你喜欢的味道。

我们在品茶中，找到了自由的思想，独立的自我，自主的审美。

2017 年 4 月惠山茶会：作者与忘年交朱郁华教授品茶

⑤ 以味净念，心清境美

在多年饮茶的经历中，大概有某个阶段会忽然觉得茶味与内心有某种默契。饮茶时，内心会有某种非常明显的契合的感觉。进而，在喝汤甚至喝板蓝根时，内心感觉也会与以前大不相同。进入这个状态以后，品尝滋味时，会明显有一种层次分明之感，内心与味道相应，引发出非常丰富的感触。看雕塑、书画艺术展览，欣赏音乐、舞蹈，观赏电影时，内心与先前相比，会有所不同。你会以更加沉浸的方式沉醉其中，以外物滋润心田。更进一步，看外物的眼光会有所提升，对事物的判断能力也会有所提升。我想，这就是认真地饮茶所带给人们的直接的感受。研究食品科学的朋友，他们常常自己动手，把不同的茶进行调和，创造茶的美味，以自己喜欢的风味来感受茶的美妙。不知爱茶的朋友们，又有怎样的探索呢？

弘崇书法《达观》

⑥ 简单喝茶

分茶入杯

初迷茶时,几乎对所有涉及茶的文字都要瞄上一眼,但近年却发现很少能遇到令人眼前一亮的文章了,只对从不同学科视角去看待茶的文章颇感兴趣。以前有段时间喜欢看那种喝茶交织着腻腻的情思的文章,现在却刻意地去回避。一篇文章,去掉一些华丽的修饰词,剩下的似乎也没什么精华,只是对着茶感慨一番罢了。还有一类文章我也不太喜欢了,就是用不专业的词语去对茶叶品质进行描述的,虽然作者自我感觉确实非常良好。但我想,无论哪一款茶,不同的泡法得出的滋味肯定不一样,该如何去描述它呢?

习茶、懂茶就要从简单喝茶开始。如今,我已经不再喜欢弄一大桌子茶具了,也不喜欢参与茶会了,更不喜欢那种轰轰烈烈的促销茶的活动了。简简单单,茶好,心情好。人、茶、器三者一体,我于茶汤中沉淀、净化、升华自我。

⑦ 换换口味

一款好茶若是天天品饮,会容易忽视其本真的好。饮茶时尝试泡不同的茶叶去感受不同的美,再回头品饮那一款好茶,则能发现好茶的更多层面。"温故而知新"令我们更坚信地发现"新"之美,"尝新而温故"让我们对

"故"有新发现。每一款茶都有其各自的美，这种美在比较中更加突出，可帮助我们在冲泡时扬长避短，以恰恰好的手法，让茶在杯中绽放光彩！

⑧ 怎么喝茶，听自己的

鼻嗅与口尝，是茶进入身体的第一步，每个人对香气和滋味的感受不同。比如，泡得淡淡的茶汤，带有花香味或水果味，喝上一口，极少会有人讨厌。至于泡的茶浓度如何，多少温度适合品饮，每个人的嗜好又各不相同，很难说哪一种茶适合在哪个季节或哪个时辰饮用。对于经常喝茶的人来说，什么季节、什么时候喝茶，喝什么茶，似乎都已经不需要仔细思量了，随性而饮罢了。比如，刚刚立春的下雨天，冷飕飕的，手脚冰凉，这时候泡上一杯红茶或武夷岩茶，喝起来会感觉温暖而舒适。而炎炎夏日，喝上一碗热腾腾的炒青，那种浓烈稍带些苦涩的滋味，令人口中回甘，觉得即便是便宜的粗茶也一样能带给人欢悦之感。不必墨守成规地喝茶，一是太累，二是写书的人未必也是那样做的。这样表达我对饮茶的态度，是希望大家更轻松地爱上茶，自信地喝茶，健康开心地喝茶，让茶成为生活中的必备之饮。

周钧林制 行云流水壶

⑨ 品茶，心悦即美

什么是好茶？怎么品茶？常常会听到朋友在面对一杯茶时这样发问。但其实品茶哪里有什么道道儿？内心喜欢就好！三五好友，坐卧山林之间，身心闲适，一壶在手，宛若神仙。人生匆匆几十年光阴，手持一杯茶汤，能得快乐片刻，这样有茶的日子，多美好！那种初识茶的各种品鉴标准、冲泡标准，统统抛下。只要有一壶茶，人生就是美好的。真爱茶，赤诚到极致，茶能至心。

⑩ 老茶的味道

近二十年，云南普洱茶大兴，已成为国人皆知的茶叶。2000 年前后，台湾普洱茶商推动了大陆普洱茶市场的兴起。以 2002 年年底古普洱公司 100 克宫廷普洱茶被拍出 16 万元的天价为标志，大陆的普洱茶价格一路狂飙突进，上演了疯狂的神话。然而，在 2007 年 6 月到达了疯狂的转折点以后，普洱茶市场进入了低谷。2009 年古树茶率先复苏，加上 2010 年西南大旱助推茶价，到了 2011 年普洱茶才得以复苏，又焕发了蓬勃的朝气。普洱茶市场行情虽起起落落，但现如今普洱茶已经成为茶叶市场中不可缺少的一类了。普洱茶加金融等投资玩法，也成了近年来不少公司兴起的投资项目。

普洱茶不论生熟，均以老为贵。老茶稀缺，非常人能饮。面对老茶，作为爱茶者，我们需要多一点理性的思考。笔者认为，茶叶是食品，食品安全是第一的。经多年存放的老茶，首先要考虑的就是，这个茶还有没有饮用价值？食品安全性如何？然后才能谈到这个茶的滋味和香气等。我们不能迷信老茶。我看到不少写老茶的文章，但论据多是感性体会，非科学论据，无法令人信服。

流传有序、存放条件有保证的老茶，在拍卖市场上多有交易。物以稀为贵，这样的老茶，品饮者极其有限，常人很难有机会。

品饮香气复杂的茶汤时，若想品出茶汤的复杂滋味，使茶汤与心灵共鸣，还真得有点阅历才行。

　　从美学体验的角度看，余秋雨先生写了一本《极端之美》，书中写到了昆曲、书法和普洱茶，其中他把对普洱茶文化的体验描写得细致精深，值得一读。

　　面对茶商或爱茶者手中品牌各异的普洱茶，考量的是人的综合素养。茶友们常说，人对了，茶就对了。有能力的爱茶人索性自己去山头访茶，从茶叶的采摘、制作到包装、快递发货，全程严格监控，才能确保喝到放心茶。或者，懒一点的爱茶人，直接购买大品牌茶，以求放心。经自己精心挑选和存放的普洱茶，每年拆上几饼，独饮或与他人共饮，品味其中滋味的变化，得茶味人生之乐趣。

　　中国各类茶叶因其加工工艺、所产区域、饮用方式的不同，人们对茶品质的感受也不同。茶叶对人体具有保健功效，希望大家能选择适合自己的茶。从食品安全的角度看，任何食品都有保质期及最佳食用期限。茶叶属于食品，茶叶的质量安全是底线。社会上流传的"越陈越香"的概念具有一定的误导性，请大家以理性客观的态度对待。老茶因稀缺卖得昂贵，不代表其保健功能就好。特殊的风味，猎奇的心理，也许是人们追捧老茶的主要原因。但因老茶储藏的条件不明，对于特定老茶的质量安全，要持审慎态度。

拍卖的陈年普洱茶

⑪ 不迷老茶

老茶作为一种陈放已久的食品，风味自然是有了诸多变化，这也是老茶客迷恋老茶的主要原因。但从食品安全角度看，我们首先要讲科学，要对眼前的这一杯茶有清醒明确的认识，不能感情用事，不能一厢情愿地听从非科学人士的溢美之词。下面分享我两次喝老茶的不同感受。

丁酉年春，我有缘得到了一包存放 30 年的武夷岩茶，是朋友从一个老茶厂里收来的。我选了一把百年前的小紫砂壶来泡老茶，想去追忆历史的味道。用宜兴山泉水冲泡，快速洗茶一遍，然后正式冲泡。头道汤浇淋壶之表面，看壶上袅袅升腾的茶烟，宛若仙人于云雾中显现。出汤入两个 80 毫升的品茗杯，正好两杯七分满。汤面云气游动，汤色红棕透亮。待茶汤稍凉，连绵不断地品啜，专注地感受茶汤的香气与滋味。与新茶相比，滋味自然是淡了许多，但陈韵绵柔的口感十分讨喜。

戊戌年秋，我从好友处获赠两泡 25 年前的"老君眉"。朋友说，这种老君眉是武夷山岩茶的一种，是《红楼梦》中贾母喝的那种老君眉，经过 20 多年的存放，已经有人参的气味。当时我打开茶叶罐一看，茶叶呈灰黑色，表面似乎有白霜，闻起来确实有一种人参的气味，但感觉又有点像发霉的气味，心里不禁有些抵触。但朋友又说，这个茶价格很贵，要一万元一斤。于是，觉得此茶来之不易，决定尝尝。回到家，迫不及待地烧水试泡、开汤、试饮，品尝茶汤后并无好感，滋味单薄且不说，闻起来也是霉味扑鼻，无法体会到老茶的那种气韵。我怀疑这老茶已经变质。于是，我联系朋友，说了我的感受，希望她没有买错。我且留了一泡，准备请茶中高手判断。

过了三周，我把学长吴兄关于人参香的判断发给了朋友。学长说参香存有三种情况：一是乔木茶，二是古树茶，三是受潮。朋友得知后，又认真地泡了一次茶，最终感觉那个"万元茶"确实是受潮发霉的茶，心有悔意。

所以，无论怎样，面对老茶时我们要心生警觉，不能盲目追捧。若能遇到靠谱老茶，偶尔饮之，回味旧日时光，也不失为人生的一种乐趣。

⑫ 煮一壶陈年白茶

陈年白茶，汤色透亮橙红，味道绵软甘滑，不苦不涩，温胃消食，令人有妥帖之安慰感。有位朋友就爱上了老白茶，他特别喜欢此茶的质朴低调，一杯在手，心意与此茶意味相合，外物与自心相印，饮之长久，心平气和。爱茶的朋友，不妨一试。

周钧林制 四平八稳壶

⑬ 由老茶引起的遐思

茶叶有保质期吗？看似简单的问题，却不好回答。茶叶作为食品，自然纳入食品安全监管的范畴。世界各地的茶叶包装上均印有保质期，然而，茶叶拍卖市场上，老茶拍价不菲，人们似乎以喝到老茶为荣。正如人们认为"酒越陈越香"一样，尽管这种观念还是略为片面，但已逐渐成为当今流行喝法之一。

人们不喜欢不安全的食品、污浊的空气、被污染的水源，人们呼唤青山绿地，碧水蓝天。忙碌的工作，紧张的生活，喝点不刺激肠胃的老茶，自然令人有安慰妥帖之感。

酒是时间的艺术，尤其是白酒。白酒常被存放在 1~2 吨的陶坛中，陶坛往往放在特制的酒窖中，让酒在陶坛中慢慢转化。

酒，从文字来看，那三点似乎不是水，而是从酒坛子里飘逸出来的酒香。

传说仪狄造酒。《世本》《吕氏春秋》《战国策》等先秦典籍都记载了仪狄造酒的传说。

相传由战国史官辑录，西汉末年刘向编撰的《战国策·魏二》中记载："昔者，帝女令仪狄作酒而美，进之禹。禹饮而甘之，遂疏仪狄，绝旨酒。"意思是：仪狄是夏禹的大臣，他酿出美酒献给禹，禹觉得酒的味道十分醇美，于是疏远了仪狄。由此得知，在夏禹时代已经出现了酒，而仪狄就是一名会酿酒的大臣。

赵李桥牌坊米砖茶与紫砂犀牛茶宠

大约与《战国策》同时代的《世本》中更有记载称："仪狄始作酒醪。"其中"始作酒"意味着仪狄不仅会酿酒，而且他就是酒的发明者。虽然《世本》原书在宋代时散佚，现只有清代的辑本，但后世有很多不同朝代的人都曾引用过《世本》"仪狄始作酒醪"的论述，如宋代李昉等撰的《太平御览》、明代陈耀文的《天中记》、明代彭大翼的《山堂肆考》等。《世本》中的这种观点在中国古代是支持"仪狄酿酒说"的最有力的证据，也因此广为流传。

汉代成书的《淮南子·泰族训》也记载仪狄造酒："仪狄作酒禹饮而甘之，遂疏仪狄而绝旨酒，所以遏流湎之行也。"

《说文》云："古者仪狄作酒醪，禹尝之而美，遂疏仪狄。"晋代陶渊明在《陶渊明集》中也称："（酒）仪狄造，杜康润色之。"但是在《孔丛子》卷四中又有记载："平原君与子高饮，强子高酒，曰：昔有遗谚，尧舜千钟，孔子百觚，子路嗑嗑，尚饮十榼，古之圣贤，无不能饮也，吾子何辞焉？"平原君劝子高饮酒，举例说到尧舜都可以饮到千杯，孔子能喝一百觚，这说明在夏禹以前的尧舜时代，人们就已经开始饮酒，而且酒量相当大。

《战国策·魏二》的记载有一个大疑问：仪狄发明了酒，这是特大的功劳，为什么大禹反而要疏远他呢？因为大禹尝了酒，认为酒太美、太香、太能吸引人了。实在是酒的诱惑力极大，让人难以摆脱。而一旦难以摆脱，酒就会害人，就会贻误政治，就会使人荒于政事，沉湎于其中的结果是可怕的。于是，大禹作出了推断：此后必有饮酒而误国者！不幸言中，"酒池肉林"的商纣王便是一个例子。

好酒会误国，那好茶呢？那珍若古董的老茶呢？

饮茶者不能不慎！

好饮者不如善饮者。

在面对老茶的态度上，崇尚科学最为重要！

饮茶最可怕的就是把某些茶推向了神坛，不得不慎。

弘嵩书法《三省》

14 太和之气与大味必淡

　　清代的张泓在《滇南新语》中写道："茶产顺宁府玉皇庙内，一旗一枪，色莹碧，不殊杭之龙井，惟香过烈，转觉不适口，性又极寒，味近苦，无龙井中和之气矣。"清代诗人陆次云称龙井为太和之气，他在《湖壖杂记》中称赞道："龙井，泉从龙口中泻出，水在池内，其气恬然，若游人注视久之，忽尔波澜涌起。其地产茶，作豆花看，与香林、宝云、石人坞、乘云亭者绝异，采于谷雨前者尤佳。啜之淡然，似乎无味，饮过之后，觉有一种太和之气，弥沦乎齿颊之间，此无味之味，乃至味也。为益于人不浅，故能疗疾，其贵如珍，不可多得。"

　　茶香入鼻，茶汤入口。茶是保健佳品，可抚慰人心，可护人康健。

15 提醒自己：饮茶莫太烫、太快、太浓

由于我性情较为急躁，在杯中的茶汤很烫的时候，就开始入口品尝。长期这样养成了习惯，即使是非常烫的茶汤也能喝下去，还觉得有一种非常畅快的感觉。看了一些学者对潮汕地区做的调查，发现这个区域属于食管癌高发之地。多种流行病的调查结果显示，中国食管癌死亡率位于世界前列，但地区差异大，高危地区大多集中在中北部，只有潮汕高发区地处中国南部和沿海地区。其中，以南澳县最高，其次为揭阳市和饶平县。研究表明，食管癌的高发与这里的人们普遍爱喝"工夫茶"（温度很高的茶汤）有关；另外，也与这里的人们爱吃腌制食品、卤制食品，以及当地饮水矿物质含量高等因素有关。

慢品茶

很多研究表明，长期食用过烫（≥70℃）的食物，会反复灼伤食管，促使食管细胞增生，增加了食管癌变的可能性。

基于以上，粗茶淡饭最养人，波澜不惊最安心。饮茶以从容闲静为好，应尽量养成良好的饮茶习惯，让饮茶带给我们更多的生活情趣。

16 喝茶上火之思

我发现有时候喝武夷岩茶、凤凰单丛茶，嘴角会不舒服，有隐隐上火之状。出现这种情况，我便会停止饮这些茶，改为绿茶或细嫩的红茶。稍过三五日，上火症状即可消除。再饮岩茶等，若不是特别频繁，上火症状也不会出现。每个人的体质及身体状况都不一样，怎么饮茶，饮什么茶，还须根据个人体质、饮食习惯、季节变化、日常劳顿状况等做综合考虑。科学饮茶有益于身心健康，我深信。

17 补一壶茶

因爱喝茶，我常会参加一些茶友的聚会活动。因为一下午喝了茶友泡的多种茶，茶会结束后，会感觉胃里不适。所以，茶会结束后回到家，我还会自己再泡上一壶茶。坐在自己最熟悉的茶桌前，泡上一壶，再品饮其味，有安心静神之功，饮罢一壶茶，胃中自然会感觉舒适一些。不知爱茶的你，是否也有这种感觉呢？

18 沸水泡茶

我喜欢用沸水泡茶。不同的茶需要的水温不同，但用沸水泡茶时，综合运用茶具、注水的手法等，就可以达到理想的泡茶效果。比如，泡绿茶，注水时要让水温迅速降下来，可以用公道杯。注水时对着流嘴内侧，使水从公道杯内壁缓缓而下，既不会激起绿茶芽叶上的毫毛，也不会有茶叶被烫熟之虞。清澈的茶汤，以瓷质小品茗杯（20毫升容量）品饮最宜。

⑲ 软水泡茶细思量

陆羽《茶经》中所谓的"山水上，江水中，井水下"，是说泡茶用水以山泉为上等之选。在当今科技水平较为发达的时代，泡茶用水仍是不可忽视的重要因素，以自然泉水结合科技元素，能制备品质优良的泡茶用水。饮用天然泉水时，要看其硬度，北方有些泉水较硬（烧开水后水壶内壁容易附着白色的水垢），若用来泡茶，建议泡发酵程度稍重的乌龙茶、红茶、黑茶等；若用来泡清鲜的绿茶，则不容易品尝到鲜爽的茶汤滋味。泡绿茶时不妨选择纯净水，可品得绿茶之鲜香清雅味道。

茶叶发烧友中，有对各类泡茶用水研究极深者。有心人士，可以查阅相关泡茶用水研究资料，深究一二。若嫌繁杂劳累，不妨取所居之地的几种饮用水作对比试验，选择最宜者长期使用，也可消去日后泡茶不出味的烦恼。

⑳ 茶汤变黑了

茶用软水泡，茶汤明亮，香味鲜爽；用硬水泡，则茶汤发暗，滋味发涩。含铁质（即可溶性的铁离子）的水，会使茶汤变黑，滋味苦涩。

红茶含有大量的茶褐素，放置几个小时后，汤色会发黑，主要就是由茶

无锡惠山泉

褐素引起的。茶褐素可以有效改善人体的代谢，能降血压、血脂、血糖，所以茶色变黑也无关紧要。

我印象最深的是，有一次去内蒙古，住在陈巴尔虎旗的一个宾馆里，我泡了一杯茶，过了一夜，茶汤又黑又苦，还有点咸。而且，宾馆的烧水壶内部像涂了一层白色涂料，水垢非常厚。可见，这里的水不仅硬度大，而且其中铁离子也不少。

为了不让水质影响泡茶效果，我在家里厨房安装了一台净水器，里面有四个过滤棒，大概半年更换一次。我用这种水试茶，发现确实比自来水好许多，但仍比不上我常用的宜兴山泉过滤的纯净水。这种净化水泡红茶，大概过 2 小时，茶汤就变黑了，而且与用纯净水泡出的茶汤相比较，汤色、滋味、香气都逊色些。所以，为了品尝到更美味的茶汤，还是选择纯净水或山泉水为宜。

21 泡茶时间思考

一款茶每一泡要泡多久？这似乎很难回答。虽然谈的是泡茶的时间，但茶具的选用、投茶量的多寡、水温的高低等都会影响茶汤的味道。投茶量大、出汤快的做法，眼下比较流行。这样冲泡出来的茶，几乎不会有苦涩味，可以被大多饮茶者接受。

我一般喜欢用盖碗或壶，先用极少量的水润一下茶，出汤弃之，用于滋润茶宠或冲淋壶表。然后开始正式冲泡，根据茶叶的不同5~10秒出汤。对于条索紧结的茶叶，第二泡要减少时间，因为第一泡冲泡时，芽叶渐渐舒展开来，第二泡芽叶的浸出速率就快了。第三、第四泡可以根据茶叶的情况增加3~5秒，也可与第二泡用时相同。有些茶不耐泡，大约四泡就没有什么味道了。但不耐泡的茶，不一定品质就不好，比如产自江南的碧螺春、龙井

盖碗泡茶

等。是否耐泡与茶树品种有关，有些地区产的茶用盖碗就能泡20泡以上，比如云南普洱茶中的"生普"、湖南的黑茶等。而且，用盖碗泡觉得茶汤味寡淡之后，还可以换到壶里煮饮。

高山云雾出好茶。出自高山上的茶，耐泡度常常高于平地茶，滋味和香气也较浓烈。尽管有些茶叶的干茶外形并不好看，但人们饮茶还是以品尝茶汤为主，让人们念念不忘的还是那一碗茶汤的美妙香气与丰富滋味。

茶是人们日常生活的嗜好品，每个人的口味都不一样。从个性化的角度来看，只要茶品质好，怎么算是好喝，就看各自的喜好了。由此看来，喜欢喝茶的朋友，应当自己多琢磨、多实践才好。

22 人在书房品茶香

刚采摘的茶叶鲜叶

四月无锡，花开满城。独坐书房，取大壶泡茶，注水半壶，茶叶自由舒展，茶香在壶中凝结。揭盖闻香，香气扑面而来。书房内几无通风，茶香很快散发于室内。由此而观，这书房不就是更大的一壶茶吗？轻轻打开一扇窗，空气流动，室外的花香飘进来，花香与茶香相融在春光里，别有一番滋味。

23 茶汤润目引遐思

不同的茶叶泡出来的茶汤颜色各不相同。细嫩的芽头，泡出来的茶多浮有毫毛，逆光视之，宛若冬天里寒风裹挟着的冰雨。茶毫稀少的芽叶能泡出透明清澈的茶汤，色若水晶，清清亮亮，令人心意舒畅。最引人遐思的，便是用各种质感、颜色、带有装饰图案的茶碗来盛放这些不同颜色的茶汤，小口品啜，在感受茶汤香气、滋味之时，看着茶碗里的茶汤，它仿佛是闪烁的星辰。在小小的一碗茶汤中可徜徉无边浩瀚之宇宙，茶可扩心胸！品茶清思，激发灵感，令人回味无穷。

24 去茶区淘茶

朋友因痴爱茶而经营了一个茶庄。他给一款茶打分时，认为自然地理占三分，做茶技术占三分，茶艺师冲泡技艺占三分，还有一分给环境。当然，也许会有人持不同看法，但按照这样的评茶标准到茶区去淘茶，是非常不错的。就做茶技术而言，要与制茶人交谈，看其制茶理念，"交乃意气合，道因风雅存"，找志同道合的朋友以促进长期合作。就自然地理条件而言，要用自带的水泡茶，判断茶的品级。产茶区多有好水，山泉泡茶格外香美。俗话说，一方水土养一方人。经多代制茶技艺的传承创新，做茶的师傅在不知不觉中就会在制茶时迎合当地出产的泉水。因此，外乡人品尝当地茶汤，常常感叹怎么会如此好喝，却无法明确分辨茶之品级。但当换上随车所带的平时常用泡茶水再试茶时，就能明确分辨。

而冲泡手法对茶的影响更是明显了。同样的茶叶、同样的茶器，急速高冲与细流慢注，冲泡出的茶味就有明显区别。常听朋友说，为啥从茶城商铺买回来的茶，在家冲泡的怎么就没有买茶时冲泡的那么好喝呢？其实这不仅因为售茶者善于泡茶，还因为售茶者会和你交谈，再加上循循善诱和刻意营造的氛围，当然感觉茶味不错了。

因此，评茶时我们最好不要听别人怎么说，要用嘴巴品尝、眼睛观察，用心感受。否则，听别人讲了一堆故事，喝了一肚子的茶，最后买了带有故事的茶叶，回家后就后悔了。

25 天然变异茶叶之色

茶树品种繁多，亦有很多变异品种。通过科学育种，精心培植，茶树鲜叶能显现多种色彩。有意为之，则可创新茶品，如黄金芽、紫芽茶、白芽茶是近年来备受市场追捧的天然变异的三种。以炒青绿茶的加工工艺制备，鲜爽生津，在早春的市场上，可居高价。这些特殊品相的茶，成为春天里别样的风景，带给人不寻常的感受。

26 失风

高火逼出来的香，滋味浓厚，在市场上常见，迎合了消费者所追求的味与香，但在茶叶审评专家那里打分未必就高。

我不喜欢那种香气轻浮的铁观音——不仅中国人不喜欢，连外国人（如俄罗斯老茶客）也不喜欢。

近年来传统型的铁观音逐渐成为市场追捧的对象，一是复古流行风的使然，二是改革开放40多年后人们对快节奏文化反思的使然。

一款好茶，应有自然的好滋味，层次分明，味道丰富，令品饮者愉悦地与这一片树叶沟通，进入物我两相忘之境。

27 饮菊普之感

菊花和熟普洱茶一起泡或煮，俗称菊普。下面讲述一个我喝菊普的经历。丁酉年深秋，天干物燥，因缺乏运动，身材臃肿，腹部肥满。取出 2003 年的熟普洱茶，用紫砂壶沏泡，连饮了几日，感觉新陈代谢明显加快，体重也明显下降，但上嘴唇有黄豆粒大小的白点，隐隐作痛，应是饮"熟普"上火而引发的炎症。平时我很少品饮"熟普"，入秋以来，多品较为清淡的滇红芽茶，间或以恩施绿茶调换口味。为了调节体脂，连续喝了几日的"熟普"，估计饮茶过浓、过多，才上了火。于是，想起很多常饮普洱茶的朋友，常在"熟普"中添加菊花，因菊花性偏凉，中和了熟普洱茶的火气，可以减少上火的可能性。所以，要想泡出淡淡适宜的茶汤，投茶量就不能多，泡茶的时间也不能太长。若浓度太高，口感也不好，而且喝了高浓度的茶汤后，还容易头晕眼花，引起胃部不适，应多加注意。

补记：好友小王在锡山区工作，他所在之处的山联村出产的皇菊，菊瓣入水，亮黄醒目，一朵就能泡一杯。但是他却无法受用，一喝此茶就会上火，遂转赠给我，我试茶之后，感觉去火效果不错。我们从中医角度讨论了一下，可能是每个人体质差异所致。

皇菊飘香（注意选择耐高温的钢化玻璃酒杯）

28 茶之黑白

黑茶属于后发酵茶，以耐储存、品质富于变化而为人称道。近年来，黑茶市场发展迅速，尤其以云南普洱茶、湖南黑茶等名气颇大。大江南北，清饮冲泡黑茶的方式也广为流行。但自从2015年以来，我发现冷静看待黑茶的人逐渐多了起来。他们会质疑存放很久的老茶，里面到底有没有可能含有毒素，或者说存放不当的茶叶，有没有可能会不安全。答案是当然有可能。虽然黑茶市场行情起起落落，但至少持续了十年。当一波波热钱涌进普洱茶市场时，总有人为了将普洱茶做旧不择手段，但理性的茶人会揭露其害，还茶客一个明白。大浪淘沙，好品质的黑茶依然受人青睐。

白茶是微发酵茶，最具原始遗风。近几年，白茶风生水起，福建福鼎成为"白茶热"之中心，很快白茶拥有了众多的粉丝。白茶好喝不贵、耐泡、干净，泡完还能煮饮，真是把茶之清俭发挥到了极致。

2017年，广州有茶商出售普洱，以腾出仓库购入福建白茶，似乎收藏白茶又将成为一个新的流行趋势。

政和银针白茶

喝黑茶有啥好处？喝白茶有啥好处？窃以为，只要是真茶，好处自是相近的，没必要争个高低。我一直生活在江南茶区，倒是觉得绿茶清雅宜人，很是受用。各种健康食品排行榜中，绿茶往往都名列其间。不同区域的饮食结构、饮食习惯不同，每个家庭、每个人的饮食偏好也不同，不妨根据自己的情况做选择。比如，饮食中摄入蛋白质及油脂较多者，饮些"熟普"、茯砖、六堡等黑茶为宜；饮食清淡者，饮些绿茶、花茶、红茶等较为宜。

茶各有味，要根据个人身体状况来选择。喝茶要喝得开心，身心怡畅，自然和谐。

29 人到中年迷上岩茶

岩茶，听其名，就觉茶有风骨。人到中年，所经历世事不少，顺逆皆曾在心头盘绕。在微信上认识了一位武夷山的茶农，购买了他经销的岩茶，也就是从那时开始，我认真地喝起了岩茶。清香型的大红袍、金边奇兰、花香水仙……他寄来的茶，每一款都很干净，香气、滋味各有特色。这种经过发酵、带着奇异花香、或浓或淡的茶，与当下的心意正相合。一壶喝上七八

吕尧臣制 听雨壶

泡，全家人一起品。为此，我还特地在网上淘了三个品茗杯，杯子上分别刻上："听雨、般若、自在。给儿子指定了"般若"，希望他智慧日日增长；给夫人一个"自在"，她是家里最自在的人，因为不需要像我和儿子这样"苦读"；自己留下了一个"听雨"，因为身在江南，学校网站就有一个栏目叫《江南听雨》，一是为了纪念我所供职的单位，二是我也很喜欢雨天品茶，那万般滋味涌上心头的感觉，不禁令人感慨颇多。

岩茶之美，在品其香与味之外，它能带给你更多的遐思，让茶与心的遇见，就是那么奥妙。

30 茶品质的遐思

茶无论新老，若保存得当、品质好、无霉变，就仍有饮用价值。其香气、滋味也各有其妙。

受潮霉变的武夷山红茶

经长期储存的茶叶，其品质是否安全？作为爱茶者，我们首先要相信科学，不要感情用事。偶尔品饮无法确知茶叶品质的老茶，没有关系。但若欲长期饮用，却不能不慎。

新茶茶汤透亮清澈，叶底干净无异味。我认为，新鲜的细嫩茶叶，营养物质更为丰富，可以日常饮用。尤其上市的新茶，香气清扬，滋味醇厚，其浓烈的茶香，常常带给人兴奋与愉悦的感受。陈年老茶也许香气淡了、滋味薄了，但饮其味，仍引人遐思。所以，新茶与旧茶，各有其美。茶作为一种特殊的食品，长期保存后营养物质也许减少了，但仍具有品饮价值。

长期品饮某高品质的茶，偶尔在某个特殊环境下品饮低品质的粗茶，品完之后，可能会印象深刻，那一刻的畅快，彰显了粗茶之美。

茶是一片神奇的树叶，每一片都会把你带到远离尘嚣的净土。

31 难以分辨的翻新绿茶

戊戌年春节，亲戚送我 500 克芽头状黄山毛峰茶。且不论纯芽头的这种茶是不是黄山毛峰，但见其干茶细嫩，芽头大小均匀，感觉品质应该不错。在明亮的客厅里，我细细地观察了一下干茶，颜色暗绿，没有光泽，应为陈茶。因为春茶还要等上两个月才能出来。嗅一下干茶，似乎没有什么香气。于是取出一撮，拿了一个玻璃杯冲泡。茶叶在沸水的冲泡下，很快舒展起来，但其发色太绿了，绿得发蓝，令人心里不安，不禁让我想起几年前在无锡的一所大专院校代课的情景。我给学生们上茶艺课，茶叶是由该校的后勤集团统一采购的，当时就有这种绿茶。纯芽头，芽头颜色非常绿，即使泡了两三次，芽头也还是绿的，与平时的芽头绿茶不一样。因为泡出来的茶，清苦且不香，学生不愿意喝，后来就当作案例茶留样了。我当时觉得茶叶芽头的状况不太对，查阅资料后发现有人作假，而且是在鲜叶加工过程中作假，还不是炒制完成后再染色。资料中有一位专家就说，在加工时就染色，很难分辨出来。

此时，眼前杯中的茶，与记忆中的情景几乎一模一样。我试着喝了一口，果然苦涩味重，没有什么香气，略有回甘。芽头颜色是绿色，再泡，芽头颜色仍为绿色，看着就觉得不正常。经再次查阅资料得知，此种茶是由铅铬绿色素染色而成的，这种染色茶对身体有害，不能喝。

铅铬绿色素是在炒制茶叶的时候加入的，它主要附着在茶叶表面。用铅铬绿色素炒制过的陈茶，泡出来的茶汤依然是偏黄的。铅铬绿不溶于水，茶汤看上去不太清亮。有些茶叶表面有白毛（如碧螺春），如果用了铅铬绿色素，就连毛都是绿的，仔细分辨定能看出来。如果不法分子加入铅铬绿色素较多，翻炒又不均匀，有时还会在叶片上留下明显的绿点。茶叶经过炒制，颜色应该是黄色或黄绿色，如果绿得很明显，反而容易有假。需要特别说明的是，铅铬绿色素已经被列入"黑名单"，其使用已经不那么普遍了，不法商人有可能会换其他的工业染料翻新陈茶。

铅铬绿色素中含有大量重金属铅和铬，进入人体后，会对人体造成严重的危害。铅的毒性一般是慢性的，长期摄入会中毒，严重的会造成人体神经系统、血液系统受损。被铅铬绿色素染色的茶，每100毫升茶汤中有100~300μg 的铅，几乎等于正常人一天的铅摄入量（214μg）。

现在各种造假手段很狡猾，如在以绿为美的茶叶中加"铅铬绿色素""叶绿素""铁粉""催芽剂"等，使茶叶的颜色变绿，提高茶叶的色泽度；在以白为美的茶叶中，添加滑石粉，可以增加茶叶的白度，还能增重；在以苦闻名的苦丁茶中加入柳树叶、猪苦胆汁和香精，可以增加苦味和茶叶的黏度……这些被"美容"的茶叶通常都较次。有些毒茶加工工艺复杂，即使是经验丰富的品茶师，如果不用对比的方法而单看毒茶叶本身，也很难看出问题。

32 感受茶艺之美

泡茶之所以能成为一种艺术，有一个非常重要的原因，就是有技艺，而且是因茶而有的技艺。茶艺是一种文化。茶艺包括选茗、择水、烹茶技术、茶具艺术、环境的选择等一系列内容。品茶讲究壶与杯的古朴雅致。茶艺背景是衬托主题思想的重要手段，它体现了茶幽雅、质朴的气质，选择合适的茶艺背景能增强艺术感染力。不同风格的茶艺有不同的背景要求，只有选对了背景才能更好地领会茶的滋味。技艺精湛的茶艺师，能把对茶的理解、对茶的热爱通过肢体动作表现出来，尤其是手上的细微动作和面部的表情。不紧不慢、行云流水的茶艺演绎，使观赏者内心充满喜悦。

品一壶武夷岩茶

但总有人对茶艺存有偏见，认为经过烦琐的仪式流程，茶早就凉了，受

茶荷中的乌龙茶

不了慢吞吞的泡茶过程。还有人认为泡茶喝茶是日常生活之事，不需要讲究，取茶投茶，沸水一冲，端杯品饮即可，哪里有那么多讲究。

但当你安静地坐下来，面对茶桌上的茶具，从容地泡上一壶茶，再慢慢地品味它，一定会有不同的感受。若能经常这样品饮，你不难发现，茶汤表面会有氤氲变化的茶烟，引人遐思；透明的茶汤与不同茶碗相互映衬，令人赏心悦目；茶壶上温润若玉的光泽和壶上镌刻的文字，可以激发灵感；手持一壶，轻轻摩挲，滑润的感觉令人心情舒畅。这些泡茶过程中存在的美，会让你变得越来越敏锐，内心越发沉静从容。

（1）以江南茶区的绿茶为例，浙江省正常全年采摘的名优茶亩产量在50千克左右，正常采摘春茶的名优茶亩产量在25千克左右，茶叶产量关键还是在于采茶工，若是采茶季能招到足够多采茶工，产量能明显增加。

（2）大约2.5千克鲜叶可以制成500克绿茶干茶。如今的名优茶仍然靠人工采摘。采摘的人工费一人一天130~150元，一人一天最多采2千克。从名优绿茶炒青来说，炒制约1.5小时。可见，茶叶加工中采摘成本很高，一杯茶实属来之不易。

（3）千元的绿茶是高档茶。经济发达地区茶叶平均价格一般都远远高于贫困地区，主要原因是经济发达地区消费者消费能力强，且营销水平高。无锡地区的春茶，如太湖翠竹、阳羡雪芽、无锡毫茶等，500克卖到1000元很常见。而有些经济欠发达地区的绿茶，尽管品质很好，500克只卖到500元也很常见。

平均一亩茶园正常芽茶产量为40~50千克。按500克芽茶200元收购价计算，炒出500克绿茶需要1000元芽茶，加工费400元，再加上包装成本，最后500克顶级绿茶成本不超过1500元。500克茶叶售价超过1000元的就能算得上为"高档茶"。但市场售卖价为多少，还取决于茶在哪里卖、什么品牌，或者是谁做的、谁拥有的，这些也会影响茶叶二次流通的价格。

好的茶叶制作500克干茶一般需要采摘6万~8万个鲜叶芽头，采摘成本占茶叶成本的50%左右。一般一名熟练的采茶工一天可以采2~2.5千克鲜叶，2.5千克鲜叶可制成500克绿茶。高档茶叶的人工成本高，且有地域差异。几万元的茶叶属于稀有品种，一年产量不超过5千克。对于几十万元的天价茶，到底值不值这个价格，由消费者的需求而定。茶的价格决定因素非常多。品牌是决定茶叶价格的重要因素。如小罐茶，不仅是茶，更是礼品，有着庞大的消费人群。那种茶不是卖给去茶区淘茶、重视性价比的茶客的。

（4）泡茶常用沸水，其实冷水也可以泡茶。冷泡茶，可以说是颠覆传统

勤劳的采茶工人们

刚采摘的茶鲜叶

的一种泡茶方法。随着人们生活节奏的加快，这种方式开始被大众接受。上班族、上课族、开车族、登山族等，无论走到哪里，只要可以买到矿泉水，就可以享受既好喝又保健的冷泡茶。20 世纪 90 年代台湾地区某大学硕士研究生就曾通过写冷水泡茶的论文拿到硕士学位。

（5）几种茶叶混在一起泡，谁说不可以？但好不好喝，就看你配茶的水平了。搭配得好，就能泡出特别的风味。如武夷岩茶，拼配不同品种的茶，是为了更怡人的香气和滋味。

参加下午茶茶会，从品尝清香、不发酵的茶开始，渐渐过渡到绵厚的发酵茶。从清鲜到浓厚，能较好地感受到茶的滋味和香气。

（6）好茶偶尔喝喝就好。茶友常会购置一些性价比较高的中档茶，称其为"口粮茶"，意思是作为日常生活之饮品。对茶滋味的感受是在对比中产生的。

（7）若是自己收藏了某一种茶，且量特别大，那么在品茶时，可能会对该茶评判不够客观。经常喝一款茶，少了对它的期待和好奇，还可能会有喝腻歪的感觉。所以，饮茶要经常换换口味比较好。

（8）在品茶前，总有人会强调茶的价格，说该茶是多么不可易得，并认为这种茶非常好喝，然后各种劝，让你喝这茶。爱茶和好客之心本无错，但下次待客时，应随意随性些，让每个人品味各自喜欢的茶汤味道，岂不更美？

（9）在人人都是自媒体的时代，每个人都会各种"晒"，晒一日三餐，晒茶友会品好茶。其实不必羡慕他人的生活，你说不定也是人家羡慕的对象呢！活在真实生活里就好。

（10）饭局应收手机，茶会也应收手机。各种晒朋友圈，就算了吧。让茶汤和真诚的交谈重新变回茶会的主体。

（11）云南昌宁的红茶，有些是选用大理种，该品种叶背无毫，炒制出的红茶干茶外形一般颜色黑。有些群体种茶芽叶多毫，如金针茶炒制出的茶叶就明显为黄白色了。

（12）常见到有茶商把50克的茶卖到500元，从厂商到消费者手中，价格大约涨了10倍。为什么卖那么贵也有人买？因为信任，因为觉得好喝。

（13）一个爱喝茶的人，要有底线意识，要把一些事情做得纯粹些，倘若沾染太多世俗之丑，则少了很多情趣。

（14）有好茶喝，有福气，能和意气相合的人一起品，实乃人生一大快事！

（15）喜欢茶，平时多关注茶方面的信息，多品鉴，日积月累，从茶中获得敏锐的灵气，助益事业，健康体魄，和谐家庭。

弘嵩书法《大象无形》

弘崟书法《不器》

沉醉茶器间

一壶清茗，助益清思。品茶之境以清静为上。香汤美味引人遐思，可得奇思妙想。凡夫受制于外境，于清静之所，更易安心。红尘闹热白云冷，好于冷热中间安置身。以茶观心，心清自安。

水和细土，巧手抟砂，窑火成就，茶汤滋养，净手摩挲。土石因人而玉化，草木因汤而润泽。一器在手，呵护有加。常求美器于外，终以惆怅而空归。外觅不得，反观自心。吃茶读器，尤爱紫砂。日思夜想，记下思绪碎片，与爱茶者共享。最美的茶器是汝心，茶在器中涅槃，在茶人心里绽放光芒！

三楚石匠书法《朴讷有容》

1 掌中宝，手中物，茶之父

"水为茶之母，壶为茶之父"，好茶还需佳器容纳，以沸泉激发，方能扬香出味。在多年来的品茶生活中，我尤喜爱小壶。尤其是那种"器小，气不小"，一柄能盛水 150 毫升、手掌可以完全包裹的茶壶。所谓"气不小"，是指气度格局大，能给人以大气魄之震慑。北人喜大，南人爱小，实乃饮茶习俗之差异。独饮及二人对饮，小壶能聚香而滋味浓郁。在细细品味茶汤时，能感受到茶所给人带来的闲适。

沸水冲入小壶，高温的水能快速激发出茶香；而沸水冲入大壶，初始水温下降得快，但能长时间保持温度，散热较为缓慢，对于粗老些的或上了年头的老茶等，可增茶汤厚味之妙。尤其是冬日里，泡一大壶老茶，品茶之余还可以摩挲壶体，温暖手心，感受茶叶给人带来的温暖和慰藉。另外，大壶因表面积大，可以用于陶刻书画，茶人在品茶间玩味文字背后的诗情画意，可得文化滋养。

饮罢茶汤，茶桌上留下的茶器，引人遐想。长期反复使用的砂壶，如果能得到养护，就有温润如玉之光及古雅朴实之美，让人无法停止对"何为清雅"的思悟。于是，让我想到了 2011 年秋夜在灵隐寺大雄宝殿前品饮禅茶的心境，想到了虚云法师的"正清和雅"之禅茶美韵，不禁感慨：人身难为，以叶观心，放下我执，觉醒当下。

一把小品壶

② 立体的线条，贯气的空间

　　一把好壶，线条走势流畅而富有弹性，看上去就赏心悦目。这样的壶，即使不泡茶，把玩在手，亦能抚慰人心。

　　苍古平和之美，不仅来自器物，亦来自茶。在快速发展的新时代，为何怀旧素材被人们追寻？因为在令人不安的世界里，心变得焦虑、迷惘，但真正渴望的仍是人与人之间能真诚交往。

　　一把壶是由线条构成的贯气空间，贯的是什么气？带着虚浮、消沉、粗俗之气是无法欣赏一把滋润心田的好壶的。灵动、严谨、饱满、流畅、向上而富有正气的壶，无疑是茶人喜欢的对象。

何道洪制 纳洪智提梁壶

③ 用与赏，唯相应，才相随

在选择器物上是好看重要还是好用重要？工艺美术品的鉴赏和收藏本身是"智者常乐""爱者如宝"之事。个人认为茶人泡茶用器，用先于赏。在大千茶器中，觅得一把适合自己的好壶，不仅能消除在公开茶事活动中的紧张感，亦能给他人带来美的享受。

入手一新器，三番五次使用之后，新鲜感渐失，若能容忍该器之缺，其自然能成为茶席上一员。在茶人的手上，茶器仿佛有了生命，与茶人一同传承茶道。

④ 莫教条，即回头

初识茶，是在多年前大学时代学习《茶叶商品学》课程中。由于先入为主的观念，有很长一段时期，我无法接受不是白色瓷器的杯或盏。因为觉得使用其他颜色的杯或盏无法了解一款茶的本来汤色。后来发现，尽信书不如无书，机械地按图索骥无法进入茶的真实世界，慢慢地发现了色彩对饮茶会产生一些奇妙的作用。了解到这一点，豁然开朗！便开始尝试各类颜色、胎质、材质、造型、容量的杯子、壶、茶盏等。于是，我进入了一个奇妙的世界。生活的滋味、杯子里的茶汤、心境的变化，一切都是无常。在茶的世界里，我不再死守教条，开始独立思考。

我因爱茶而爱壶，在认识壶上走了一些弯路。见到壶，会不自觉地从泡茶的角度去评判壶的好坏。我曾长期将"倾倒茶汤不流涎"作为重要选壶标准，结果是错过了很多好壶。其实，壶不仅可以泡茶，可以盛汤，也可以作为茶席公用之器——作为泡茶主茶具，然后分茶汤入公道杯，再入私用之器

朱泥小壶一把

品茗杯。它也可作为私用之器——品茗壶。也许你会说，口对壶嘴直饮极为不雅，但若是一人私密享用，又有何不妥？

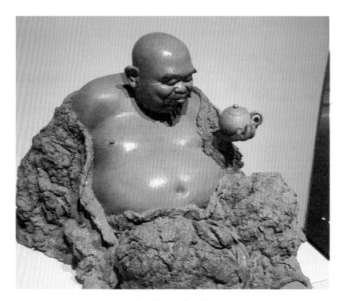

葛军制 品茗雕塑

初识壶时，因固守了"不流涎"的狭隘之见，在很长一段时间里我与壶之艺术距离遥远，无法享受壶中的艺术之美。现如今，随着视野的开阔，人生阅历的增加，壶之精粗、素华、大小、丰秀等，我均能感受其美。不再像初识壶时那样武断地说这个壶丑、那个壶美、这个壶好、那个壶不好等。

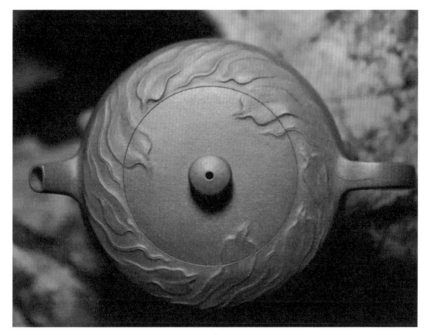

蒋雍君制 咏春壶

保持开放学习之心态，遇到不同观点，琢磨之，讨论之。在有茶的生活里，明心见性，增智明道。

⑤ 觅茶具，需机缘

痴迷于茶与器之人，自是每每遇到茶器，均颇有兴致观赏或选购一番，日积月累，便积攒了各种各样的茶器。冲泡不同的茶选不同的器，可得诸多茶中乐趣。但越看越欢喜、越用越开心的茶具，是需要提升自我修养，才能遇到的。因此，在学茶的路上，唯有敬天爱人、敏行精进，才能与好器相会，才能共享良辰美景，共度美好茶时光。

⑥ 凭图鉴器难

立体的紫砂壶，以平面摄影图呈现时，无法断定其优劣。尤其是通过网络售卖的茶具，图片上看到的可能会与拿到手上的实物差别极大。对于初入门者，若只凭图片购壶，很难令自己满意。我也通过互联网选购过各种茶具，最不满意的就是紫砂茶具。比如，有一次我在某电商平台看中一把青灰泥的鲁公高执壶，韵味高古，遂拍下。但拿到手后发现，泥料明显是添加了着色剂的豆青泥。当时看店家展示的图片，觉得是已经养护过的壶。我反思自己为什么看走眼？分析了店家的图片，发现店家的图片刻意调得比较阴暗，刻意营造出了古香古色的氛围，以打动消费者。我试着下载了一张店家的商品图片，然后把图片调高亮度，果然那把青灰色的壶变成了豆青色。这样的方法，售卖瓷器的店家也常用。比如，图片看上去是纯白的瓷杯，拿到手却是灰白色的，与图片上看到的颜色和质感差别极大。

当然，若是行家里手，因见多识广、经验丰富，通过看图片可以识别出一些茶具的好坏，但对于高仿精品，则还是要上手作综合判断，有的甚至还需要几位专家共同鉴定才能判断其真伪。另外，茶壶里除了薄胎壶，手感特别轻的，要特别当心。

⑦ 品位，敢想敢做，值得欣赏

"我只卖我喜欢的东西"，店家在首页如是标榜。都说淘宝网上好东西难觅，但富有个性的优雅小店仍然是存在的，关键在于我们是否有一双发现美的眼睛。其实，逛淘宝不一定非得买东西，能开阔眼界、了解商品，本身就是一种学习。以研究学习的心态去逛淘宝，才能发现一些个性化的小店。在这个过程中，不难感受到店家所追求的品位，更为自己能有缘发现这家小店而自豪。店家有想法，身体力行，用心做就好。

通过听来辨别茶器的好坏是一个独特的角度。不少关于鉴别紫砂壶的文章都介绍过听声音辨别紫砂壶的方法。我认为，听声音可以作为一个参考因素，但不能迷信此法。特别提醒壶友，尽量避免敲击壶体。因为每个人下手的力度不一样，很容易伤壶。也许，当时看不出壶被敲裂，但很有可能留下隐裂，在以后的使用中隐裂部位会真的破裂。在拿捏好分寸，特别小心地敲击壶的时候，通过声音未必能分辨该壶的优劣。比如，对于一些化工料的壶，烧结温度很到位，敲击壶体时，发出的声音也会悦耳动人，但绝非好的茶器。一把壶敲击所发出的声音，受壶的大小、造型、烧结火候、敲击的部位、手持方式等多种因素的影响。因此，应根据积累的经验综合判断。我有两把容量约 500 毫升的紫泥掇球壶，烧结火候到位，泥料纯正，用手迅速地从壶口提拿壶盖，会发出宝剑出鞘的"铮铮"声，非常悦耳，还有些余音。还有几把 100~200 毫升的小壶，敲击声音不响亮，较为沉闷，但也是好壶。

在干燥的茶器中盛放一半的热水，耳朵靠近器口，能听到声音。比如，瓷器可能会发出"啪啪"几声，紫砂壶可能会有持续较长时间的"滋滋"吸水声，紫泥、段泥壶较常见，朱泥壶"滋滋"声不明显，与瓷器类似。陶器茶具"滋滋"声明显，持续时间也较长。通过听，基本可以判断茶器的透气性。

有人把茶叶罐或紫砂壶放在耳边聆听，通过从口部听罐体或壶的声音，来判断茶叶罐或壶的好坏。若听到令自己沉静、愉悦、不焦躁的声音，该茶器就是好茶器。我对此持保留意见。因为，用此种方法判断茶器的难点是，听的人内心必须处在安静的状态，且身心和谐。若不是的话，如何辨别器物的好坏。再有，若是胎体非常致密的锡罐，就无法用这种方法判断茶具的好坏，锡罐密封性好，避光且有两层盖口密封，用于储藏茶叶，尤其是细嫩绿茶、细嫩红茶、轻发酵青茶，茶叶转化得慢，更能保留茶叶的原品质。

蔡荣章先生在《现代茶道思想》一书中谈道，茶艺进行时，身体动作会影响茶汤。我想，此中的判断也能用在茶叶罐、泡茶器上。在这些围绕茶元素所构建的"茶气场"中，和而不同，和谐共舞，共同创造了一碗饱含真情真意的茶汤，共同分享属于茶艺的美好时光。

大小不一的存茶罐

⑨ 携 "主人杯" 蹭茶去

痴迷于饮茶，自然会经常与同好品茶。有好茶相约，应携一品茗杯去蹭茶。带什么样的杯子去蹭茶没有标准答案，随心随性就好。我喜欢携带一只容量约50毫升的朱泥小杯，其胎质与瓷器接近，与紫泥胎质相比，更为致密一些。通过平时的品茶，我发现该杯子在茶香气与汤味道之间平衡得较好，既不像紫泥杯那样易吸香气，又不像瓷器那样较为全面地展现茶汤。当然，从茶汤角度而言，该杯子发散茶香气的能力要稍弱于瓷杯，但软化茶汤的能力要强于瓷杯。携带该杯子品茶，再尝试下用泡茶主人提供的瓷杯品茶，进行对比，会有别样的体验与收获。大家不妨用自己所拥有的杯子做一些对比试验，分辨不同杯子所适合泡的茶，然后根据茶会所要品尝的茶，有针对性地选择杯子前往。

柴烧紫砂杯品茶

⑩ 20毫升品茗杯慢品茶

友人相聚，落座品茶，分茶入杯后，常说"请慢用"或者"慢慢喝"。很少会有人让你快点喝。品茶需要细品，用心体会。

用20毫升的品茗杯品茶，会让人感觉待客太小气。但对比品茶试验表明，小品茗杯有其妙处。品味茶汤，每次入口约5毫升（国家审评白酒是每次入口 2 毫升），以 20 毫升品茗杯品饮，连啜四口，饮尽就势闻杯底余香，能觉茶香味浓，一试便知。尤以瓷胎或玻璃胎品茗杯为宜，若用紫砂杯，会觉得香气太弱，但茶汤柔软、微甜，亦别有滋味。

同样的茶汤，若用大品茗杯，如 50 毫升和 100 毫升的，则滋味和香气稍有不足。有兴趣者一试便知。

⑪ 品茗杯的型与茶汤

我偏好稍微有些身筒的品茗杯，那种似碗的阔口大品茗杯，我不太喜欢。阔口杯的好处是散热快，易于观看汤面；不好之处就是香气散得也快，再有容量大，一杯下去几乎喝饱。所以，我还是喜欢那种稍小的身筒型的杯，手指握持自然舒适，细品之后，还能细嗅杯筒内香气，这样的设计既兼顾了茶汤之味香，携带也方便，不易破损。另外，注汤时与阔口杯相比，身筒型的杯不容易溅出茶汤来。

⑫ 品茗杯的色彩与茶汤

我喜欢收集不同色彩的品茗杯，在品茶时作对比。杯体与茶汤色彩相似或相反，是我常用的选品茗杯的方式。比如，我喜欢选择棕色的柴烧杯品味岩茶，这样会有更加浓郁厚重的品茶感受；选择红色的釉彩杯品味红茶，浓酽甜香的感受更为明显；选择淡绿色的釉彩杯品味绿茶，绿意浓浓，茶味鲜美；选择白色瓷杯品味各种茶，可观其茶汤本色，感受甘甜的滋味。有的杯子具有奇幻的色彩和纹理，品茶时能感受茶汤与器物营造的汤色之美。又比如，用深绿色的小品茗杯品味碧螺春，能明显感觉茶香及茶汤更浓郁深厚

布设简单茶席泡一壶茶

了；用红色的朱泥杯品红茶，能明显感觉红茶的甜香更浓郁醇厚了；用阔口的厚胎建盏杯品"熟普"，能感觉到茶汤更为滑润，杂味有所减少，茶香稍淡；其他茶类，可以多试验，多体会。

对于品茗杯的选择，从对茶汤及茶香的感受来看，用敛口的器形、比茶汤色稍深、胎体致密些的茶杯泡茶，会让人感觉茶香浓郁，滋味醇厚。

⑬ 杯子排队试茶汤

不同的壶泡出茶汤的香气、滋味各不同，不同的品茗杯盛放的茶汤滋味、香气也不同。只有亲身试验才能得其奥妙。

杯子的材质、器形、大小对茶汤香气、滋味的影响非常大。一般茶艺爱好者，最常使用的品茗杯材质有玻璃、瓷、紫砂、陶、老岩泥等，还有木鱼石、金属等，也有竹子、木头、纸、塑料等。

（1）玻璃与瓷器，胎质极其致密，不吸附香气，清洗之后，再泡其他茶叶，味道不受影响。此类材质的茶具，适合冲泡茶香四溢的茶类，尤其是绿茶、红茶（特别是细嫩芽头的）、乌龙茶、花茶、"生普"（年份短的，如三年以内的）。

（2）紫砂品茗杯。该类杯子因不同的材质和年代有所区别。朱泥材质的杯子，胎质致密些，张扬香气的能力比瓷器稍弱，但能软化茶汤，使其发甜。紫泥的杯子，极易吸香气，但比陶的好一些。紫砂的情况比较复杂些，需要根据紫砂的泥料、胎质、器形、烧制的火候等综合选择。透气性好的紫砂壶，适宜沏泡中发酵、重发酵的乌龙茶，全发酵的红茶、黑茶等；透气性差的紫砂壶（如朱泥壶），适宜冲泡轻发酵的乌龙茶（如清香型铁观音、台湾清香型的高山乌龙茶）、细嫩的红茶或发酵度稍轻的红茶，非清香型的绿茶也可以。薄胎紫砂壶，胎质致密的，壶口大一些的，用来冲泡绿茶，效果也不错。综合来说，要根据具体的壶的特点进行综合判断。作为炻器的紫砂壶，胎质和密度若离瓷器近一点的，就尽量选择以香气为重的茶；若离陶器近一点的，就尽量选择以味道为重的茶。根据自己的口味偏好，综合考虑，再结合茶具的颜色进一步考虑。

汪寅仙制 紫砂桃杯

（3）陶土杯。陶土杯吸附香气的能力极强，尤其是新杯，经常使用的老杯会好一些。比如，建盏杯的老杯与新杯区别就非常明显。

（4）木鱼石。与陶土类似，这种石头结构比较疏松，多为机器塑形，一般以圆形、圆柱形为主。

（5）金属杯。媒体曾报道过，用质量差的不锈钢杯泡茶会对健康有影响，建议大家谨慎选择不锈钢杯。随着金属茶具在茶艺中越来越受到追捧，金杯、银杯品茗杯也开始被更多的茶友使用。使用银质公道杯的茶友较多，这种杯子密度高、散热快，便于突出香气，为茶友所喜爱。

（6）木杯。新杯会有明显的木质气味，但老木杯有所不同。木杯使用的状况不同，泡出来的茶会有不同的表现。

（7）塑料杯与纸杯等。我不太喜欢用塑料杯或纸杯，因为有非常明显的塑料或纸的味道。当然，随着科技的进步，用于热饮的纸杯或塑料杯的材质在不断变化，对茶汤风味的影响也越来越小了。

小银壶与白瓷品茗杯

14 建盏的使用体会

建盏的含铁量高，有些建盏甚至能吸住小磁铁。但仅凭这一点无法判断盏的好坏。爱喝茶的人，几乎早晚都会接触建盏，因为建盏名气太大，现在网络购物也方便，爱茶人总想淘上几件。市面上有老盏也有新盏，有完美品相的，也有残盏，盏之"水深"不亚于紫砂壶。作为爱喝茶的人，对盏的要求我认为有几条：材质安全，烧成后的建盏作为食具应是安全的；能提高茶汤的质量；能提高品茶的审美感受；若存有瑕疵，应在自己能接受的范围内。

2018 年 5 月 5 日实施的福建省地方标准《DB35/T 1739—2018 地理标志产品 建盏》，为消费者选购建盏提供了一个基本的判断标准。比如，建盏的五项严重缺陷：磕碰、炸釉、裂纹、坯泡、缩釉，不允许出现在建盏

当代建盏

中。其他外观缺陷包括口径、变形、毛孔、熔洞、釉泡、釉面擦伤、釉薄、桔釉、生烧等，都一一作了详细解释。当然，由于每个人对待茶具的态度不同，有的具有明显缺陷的盏，只要符合茶具的安全标准，依然会受到茶友的喜爱。

好的建盏自然价格不菲。拍卖会上的天价盏，想必即使拥有，也未必舍得用来日常品茶。茶具市场上常见的日用盏，价格多在几十元至数千元。网上有做盏或经销盏的人为吸引人气，常以低价拍卖有瑕疵的盏。我曾参与活动，买过几个。通过这些年的实践，获得了一些经验，分享如下：烧过火的盏，颜色灰黑，不太美，但盏胎体致密，用之品茶，香气张扬，茶汤醇厚。底足沾染了过多釉水的盏，在清除一些多余的釉水时，一定要谨慎为之。因为那些多余的釉与底足粘连在一起，若是用力不当，很有可能会把底足和釉都弄崩掉。盏体比较脆，建议用尖嘴钳一点一点地夹掉（这个风险大），再用砂纸打磨，或者用砂轮小心打磨掉。

价格昂贵的盏，自然有贵的道理。色彩与纹路应该是最关键的，每一个

盏的纹路与色彩都不相同。盏的价格遵循其他茶具的价格规律，名人名作、售卖方式、售卖地点、售卖时机都会影响价格。

15 慎用低温陶质茶器

低温陶器是指用低温烧成的欠火陶器。这种陶器吸水率太高，吸附茶香的能力过强，要警惕使用，更要警惕那些有可能重金属超标的。有的施釉，有的不施釉，国内外的茶陶器，都有可能存在食具安全问题。特别要提醒大家的是：不要迷信国外的茶器。

一把施釉的提梁陶壶

16 女性品茶用器提醒两点

女性品茶时最好不要带妆，尤其是唇上有口红、手上有香脂时。口红若沾染到紫砂或陶质无釉的品茗杯上，清洗会比较困难。手上的香脂气味会干扰茶香，还会残留在泡茶的壶柄、品茗杯上。品茶之人，嗅觉和感觉都很敏锐，散发着真香纯味的茶掺杂了脂粉气味，会让人有不愉快的感觉。

17 100毫升的鸭梨型公道杯聚香明显

在淘宝网搜索玻璃公道杯，选了河北省的一家玻璃制品厂生产的，订购了5种。其中一种100毫升的耐热加厚型公道杯订了5个，因购物较多，掌柜另送了一个100毫升的分酒器。说是分酒器，其实和这个100毫升的公道杯造型极似，只是杯体上贴了简单的刻度线。于是便用100毫升的小公道杯和350毫升的大公道杯做茶汤对比试验。经对比发现，小公道杯聚香效果明显。

顾景舟制 公道杯

玻璃公道杯泡的金坛雀舌绿茶

18 使用金属壶煮茶的一些经验

近年来，茶席上多了各种材质的茶具，尤其是金属茶具，常见的有铁壶、铜壶、银壶等。各种神话金属茶具的文章也层出不穷。经笔者和一些资深茶友试验，有一些不成熟的观点，供读者参考。

办公桌上的简单茶席

金壶、银壶煮出来的水适合沏泡各种茶类。泡出来的茶汤绵软柔和，为爱茶者所喜爱。

铁壶煮出来的水适合泡发酵度稍重的茶，如岩茶、"熟普"等。因水中铁离子含量高，茶汤很容易变色，对不发酵及轻微发酵的茶不太适宜。

铜壶煮出来的水适合发酵度稍重的茶，与铁壶类似。但因器形、大小、出厂时间等不同，煮出来的水也不一样。尤其是一些老铜壶煮出的水泡陈年生普洱茶、熟普洱茶、湖南黑茶等味道较好。

一把提梁银壶

通过用金属壶煮茶来养生之类的说法，尚未见令人信服的实验研究报告。为了探索茶汤品质，使用不同材质的壶泡茶，首先要保证食品安全，不要迷信。

经查阅文献典籍，不难发现，在宋代点茶所用的汤瓶（茶瓶）材质的选择上，宋徽宗说"宜用金、银"，蔡襄也说"黄金为上，人间以银铁或瓷石为之"。苏廙认为用金、银茶瓶煎出的茶汤味道最好，把这种汤称为"富贵汤"，并且说"汤器之不可舍金银，犹琴之不可舍桐，墨之不可舍胶"。苏轼在《试院煎茶》中也以"银瓶泻汤夸第二"（夸天下第二泉无锡惠山泉）的诗句来盛赞银瓶煎水的好处。苏轼在《次韵周穜惠石铫》中吟咏石铫小型煮茶器："铜腥铁涩不宜泉，爱此苍然深且宽。蟹眼翻波汤已作，龙头拒火柄犹寒。姜新盐少茶初熟，水渍云蒸藓未干。自古函牛多折足，要知无脚是轻安。"整首诗表达了用石铫器具煮茶的优点，周穜惠赠给苏东坡的这柄石铫壶的材质既不是铜也不是铁，而是颜色较深的、导热性差的石材，茶汤已经煮沸，而"龙头拒火柄犹寒"。作为吊在炭火上的烹煮器具，"铫以薄为贵，所以速其沸也。石铫必不能薄"。"铜腥铁涩不宜泉"，用铜器、铁器煮水会有腥气和涩味，用石铫烧水味最正。

诸多茶艺师在实践中都深有感受：用紫砂壶、陶壶煮出来的水泡茶，综合效果比金属壶好。

⑲ 喜欢从容静气的茶器

不论什么材质与颜色的茶器，在心平气和的时候去看它，若能从中感受到从容静气，那这个茶器便是与你心意相通的。无论是泡茶还是品茗，心神怡畅，才能得茶之精气神。

壶承中的小紫砂壶

20 饮茶择器十二思

（1）壶的材料选纯料原矿。从健康的角度而言，选择安全性最高的器物，保守一点，没有什么不好。

（2）要高温烧透。这样的茶具密度高，不会有土腥气，沸水泡茶激发茶叶香气，风味佳。

（3）选100~200毫升容量的壶。尽量多用一些100~200毫升的壶，这样的壶，投茶量不多，香气

长止口的一把朱泥壶，壶盖兼具闻香杯之用

浓郁，滋味醇厚，一两个人共品，也很合适。围坐壶旁，连喝三壶，胃也不会有太大负担。

（4）全残都爱。人到中年，越发感觉追求完美是不必的，人生中总有许多遗憾。有些好壶，即便略有残缺，也仍是泡茶利器，勿因全残而生拣择之心，要学会接纳器物的不完美，以包容的心态去享受茶与器的美。

（5）顺手好用不论制壶者。根据自己的手的情况及端拿感受选择壶的造型。不要以制壶者的名头来判断壶的好坏。结合长期使用壶的经验，综合判断你和这把壶是否合适。

（6）我喜欢有分量的壶。壶端拿起来有一定的分量，沉静质朴，有文人气息。

（7）冬季用壶尽量先温壶，并选用高钮壶，防止手指冻僵而滑落壶盖，磕破茶壶。冬季室内气温低，沸水冲壶容易造成惊裂，应先用温水温润壶之内外后，再正式冲泡。用高钮壶，手指提拿稳当，不容易失手打坏茶壶。

（8）夏天用壶可选300~400毫升阔口大壶。夏天多饮不发酵的绿茶、轻微发酵的白茶、轻发酵度的乌龙茶等，以解暑热。

（9）平时常饮中发酵度及以上的茶。发酵的茶，对胃的刺激性小，如武夷岩茶、红茶、黑茶等。中年人脾胃多虚弱，常饮此类茶，身体舒适，精神愉悦。有些绿茶，陈放后再饮，虽无鲜爽滋味，但有醇香，刺激性弱，也别有一番滋味。

（10）常用壶50把左右。作为一名茶艺师，我拥有的壶似乎多了一些。但常用的壶有50把，其中有30把小壶，15把中壶，5把大壶。根据场合的不同，选择不同的壶。由于经常使用，这些壶用起来会比较顺手，在各种场合演示茶艺，都不会紧张。

（11）暂时不用的壶干燥后再收纳，要注意防霉，防止壶吸收异味。壶完全干燥后，用塑料袋及塑料布等包裹，集中放置收藏，收藏的环境注意不要有明显的异味，以免壶吸收异味，使用时难以去除。

（12）以壶品茶，修心莫张扬。近几年休闲茶艺作为一种时尚流行了起来，喝茶成了一件很热闹的事，打着各种旗号的大师多了起来。倘若真的爱茶，还是尽量少在热闹场合中出现。

总之，茶与壶同我日日相伴，它们带给我诸多的愉悦感受。

葛军制 佛印壶

21 环境中的壶

　　爱上品茶逾二十载，在长期静心品茶中，越发觉得自己变得敏感起来。独饮时，我喜欢用紫砂小壶，一般在 100~150 毫升，这样的小壶可出两杯茶汤，用不同的杯子细细品之，可得茶汤细微差异之妙。紫砂壶透气而不透水，容易吸附环境中的气味。我总是把常用的小壶摆放在眼前的茶桌上。因为若是放在橱柜里，假以时日，壶容易吸附到橱柜的气味，再用来泡茶时，需要花费一段时间，才能把壶上吸附的那些异味去除。壶是环境中的器物，人是社会中的人，观壶思人，似乎有相似之处。

22 挂釉彩的陶壶

　　有一次，淘到了一把表面施有黑色釉彩的陶壶，壶不大，但很沉。简单清理之后，以红茶做试验，想看看这把壶的保香蕴味能力如何。出汤之后，把滇红茶叶留在了壶中。已是深秋，室内温度不高，几乎每天打开盖子看一下、闻一下，都能感觉到茶香，叶底也没有变色。直到第五天，我打开壶盖，发现一片茶叶的叶梗端有了淡灰色毛茸茸的霉点。但嗅壶内气味，仍有茶香。通过简单的试验来判断，此种施有釉彩的陶壶，保香蕴味能力很好，作为茶具，值得使用。我们不能简单地人云亦云，小看了陶壶的魅力。

挂釉的一把小陶壶

㉓ 根据壶的容量选择茶具

就平常泡茶实用而言，壶的容量集中在 90~250 毫升，因一般饮茶以一至四人为主，容量太小则纳茶量过少，太大的一般常用在五人以上的场合。300 毫升以上的壶多用作珍藏观赏。在江南地区，作为礼品的茶壶，大多容量也是在 300~500 毫升，容量小一些（如 100~150 毫升）的壶，除非是知道被送的对象喜爱以小壶饮茶，否则，太小的壶一般不会被选作礼品。有一种小壶，俗称"水平壶"，流行于潮汕地区。以前紫砂一厂生产的壶，有少量的壶盖内会有 12 杯、8 杯、6 杯等文字章在里面。8 杯壶容量为 150~160 毫升；6 杯的为 110~120 毫升；4 杯的约 85 毫升；3 杯的为 60~65 毫升，因泥料收缩率略有不同，壶的容量会略有差异。

宜兴当地人喜欢品饮红茶，一般多会用到 250~300 毫升的大壶。喜欢饮普洱茶的朋友，常用的壶也在 250~300 毫升，便于闷泡。而冲泡铁观音和乌龙茶，出汤要快，壶壁一般较薄，多以 150~250 毫升为主。

当然，这些也只是常见的泡茶习惯和用壶情况。每个人对茶汤口味浓淡、香气等要求不同，饮茶时间长了，会有自己挑选壶的标准。

一把清代金士恒款朱泥壶

壶承中的小朱泥壶

24 素朴的小壶

从品茶的习惯来说，一般人们将300毫升容量以上的称为"大壶"，200毫升容量以下的称为"小壶"，200毫升至300毫升容量的称为"一手壶"。一手壶意味着壶体可以用手掌握住，便于在手中把玩。我理解的小壶是100~200毫升容量的壶。这种壶，一人或二人品茶最得宜。若三人一起，也基本能用。个人独处小坐，以茶静虑修心时，此种小壶最宜。我常用的小壶一般在120毫升左右，食指钩住壶把，拇指顺压盖缘，倾倒茶汤，十分顺畅。出汤后，一壶品2~3杯，再续水冲泡。一次饮茶汤半斤有余，在感悟茶汤滋味中，有饱腹之悦。而这种小壶，在常人看来，也非常不起眼，比较低调，非常适合个人品茶静心。品味茶汤之妙，感悟百味人生。

25 用"小而美"的茶具品鉴好茶

一款高品质的茶叶，不妨使用容量约100毫升的小茶具（比如盖碗或壶）、100~150毫升的小公道杯及20毫升品茗杯品赏。小而美的茶具，不仅携带方便，而且能细品慢咽，享受饮茶之趣。

26 喜欢厚胎重实的壶

我很喜欢厚胎重实的紫砂壶，尤其是200毫升左右，重300~400克的。在视觉上，它厚重、内敛、古拙，提拿自如，倾倒茶汤顺畅。壶式以经典摹古为上，若有铭文，品味文字之含义，更觉文雅宜人。

27 自由的大壶

用500毫升的紫砂大壶泡茶，投武夷岩茶5克，注沸水100毫升，约15秒出汤。闻香观色，花香果味，内心欢喜。初学茶艺时，常见一些茶艺师泡茶时总是把壶水注满，有时会因公道杯太小，壶里剩下的茶汤只得倾倒在茶盘里。当时就觉得茶艺师怎么能这样浪费呢？那可是美味新鲜的茶汤啊！由此想，我用大壶泡茶，未必一定要冲满沸水。而倾倒浪费茶汤，可能是过于教条地追求每泡的不同，这实在是不可取。

以少量沸水用大壶泡茶，茶叶在宽敞的壶内空间自由舒展，没有了茶叶之间的挤压，每一片叶子都能绽放出最美的姿态。这样一想，觉得如此泡茶，对培植自由尊重之心大有裨益。

大亨款 大扁腹壶

28 高深大壶泡茶的美妙

丙申年入冬之际，我迷上了淘壶近两个月。这一迷，壶就来到了我的身边。最喜欢淘来的几把老壶，尤其是铁画轩款的紫泥菱花水仙壶，筋纹器形，三弯流，出水细长，断水利落，令人百玩不厌。我喜欢用这把壶泡陈年正山小种，香气稍淡，但滋味醇厚微甜，品饮之后，身心舒畅。在沏泡红茶时，我喜欢冲水半壶，出汤入公道杯后，约有300毫升。壶身上的

线条阴阳相间，用手摩挲，
有谨严之感。高深壶沏泡
茶汤之醇厚，令人在寒冷
的冬天里，倍感温暖。

 29 坭兴陶壶体验

广西钦州坭兴陶传承
至今已有 1300 多年的历
史，与江苏宜兴紫砂陶、云南建水陶、四川荣昌陶并称中国四大名陶，远
销欧美和东南亚等地区。丁酉年我得到一把广西钦州的坭兴陶壶，容量约
200 毫升，壶式为仿古式，较扁平，手感重实，表面光洁，刻有兰花图及
"幽兰"书法。手拉坯制法，壶盖及壶内部可见细密的同心圆。泥质细腻，
密度较大，透气性与宜兴朱泥壶类似。经查阅资料，发现此种壶烧成温度

俞荣骏制 独吟壶

在 1200℃ 左右，烧成之
后比紫砂壶多了打磨与抛
光工序。经泡茶试验，我
认为这个壶泡重香气的茶
较合适。壶盖缘稍小了些，
视觉上不如宜兴仿鼓壶舒
服。所谓要"天压地"，盖
缘应稍大于壶口才好看。
整体上看，壶体颜色黑褐
中有红，不规则的色块交
织在一起，有窑变之感。

广西钦州坭兴壶

无锡汽车站的紫砂壶符号雕塑

30 宜兴紫砂壶

　　宜兴是中国陶都，有被称为"五朵金花"的紫砂陶器、宜兴均陶、宜兴精陶、宜兴美彩陶和宜兴青瓷五大类产品。宜兴除出产紫砂壶外，还出产多种茶具，如青瓷、现代陶瓷、竹木、金属茶具等。2014年，宜兴紫砂因产品特色鲜明，人文地理关联性明显，通过国家市场监督管理总局组织的技术审查，获评国家地理标志保护产品。这也是宜兴紫砂继获国家非物质文化遗产、国家地理标志商标称号后获得的又一重要荣誉。由于宜兴紫砂壶名气大，在宜兴城市文化的宣传中，紫砂壶已经成为一个重要的城市文化符号。近年来的宜兴广告语就言："世界只有一把壶，它的名字叫宜兴。"彰显了陶都人的自信。我们平时在电视媒体上常见的寻宝、鉴宝节目，以及拍卖市场上的紫砂壶，几乎都是指宜兴紫砂壶。由此，我们平常说的紫砂壶，若确切地说，应该是宜兴紫砂壶，可简称宜兴壶。

31 茶壶市场上商品壶常见问题举要

作为物质形态的壶，哪一个不是商品？"商品壶"这个名词多是指质量较低、市场上存量较多的紫砂壶。这类壶由于价格相对较低，多在100~500元，常常被消费者作为普通泡茶茶具购买。当然，由于市场的复杂性，商品壶被不良商家以高价售卖也极为常见。由于消费者缺乏对紫砂壶商品质量的判断能力，常抱持偏见，商家为投其所好，难免会在壶上粉饰造假，吸引消费者购壶。

在各个紫砂论坛或相关网页上都可以看到惊人的言论：目前市场上假紫砂占到总量的90%。事实是否如此，我无法做全面系统的调查，但制壶者或壶商常常强调他们制作的壶或经销的壶都是原矿的。夸大的言论，说明了政府对制壶泥料源头的监管仍需加强。宜兴并不缺紫砂原矿，缺的是监管者系统严谨的监控以及从业者的商业道德。说九成的壶为假，我认为可能是各种网上商城因无法有效监管紫砂壶的质量，存在把非原矿的壶说成原矿壶欺骗消费者的问题。

制壶者为什么要在紫砂原矿中添加化工原料？一是掩饰劣质陶土的泥性，提高烧成率；二是提高卖相，使颜色深且鲜亮；三是投其所好，消费者不了解紫砂壶的特性，错误地认为光鲜亮丽的才是好壶。因为消费者常常见到的价值不菲的好壶都是温润如玉，光泽悦目。但很多原矿壶，未经泡茶使用，光泽暗淡者较多。制壶者及商家为了提高卖相，自然会想办法让壶变得更鲜亮些。

紫砂泥料中通常加入的化工原料有氧化铁（使壶变成深红色）、氧化锰（使壶变成紫茄色、黑色）、氧化钴（使壶变成蓝或蓝黑色）、氧化铬（使壶变成绿色）、氧化钛（加深黄色）、碳酸钡（提高泥色均匀度，减少花泥现象）等。随着烧成温度的提升，添加化工原料的壶颜色亦会加深。另外，有些紫砂原料含有微量的水溶性硫酸盐，干燥时会在坯体表面局部富集使产品烧后形成色斑，添加碳酸钡是为了解决制品的表面缺陷问题，碳酸钡可与水溶性硫酸盐反应，阻止水溶性硫酸盐在坯体表面局部富集。

市场上常见的非原矿紫砂壶

有些出窑未用的新壶，表面似有一层油蜡，光泽明亮，较为刺目。消费者因在电视节目或网络视频中看到名家好壶光泽悦目，而认为紫砂壶光亮者为优。但这些名壶因料好工精，大多经茶水养护，才光泽温润，且表面不会有"贼光"。目前给新壶增光的方法有多种，常见的有用大块海绵擦拭增亮，用布辊抛光机抛光，壶表面涂抹石蜡、无色鞋油、油脂等。也有给壶做旧的，花样也是繁多。也有用茶叶水长时间烹煮或涂刷浓茶水的，为的是给壶增加老旧感。

笔者反对在紫砂矿料中过量添加化工原料。但应该怎样添，政府主管部门应严加管理。不是说只要添加了的就都是不合格的，只是作为消费者缺乏判断标准。消费者只能从感官识别的角度看，"过量添加"也只是凭感觉，科学性尚不足。科学工作者已经通过实验证实了过量添加调色化工原料制成的壶对身体有害。

诸爱珍、徐泽跃在论文《紫砂制品中二氧化锰添加量和锰溶出量关系的研究》[1]中指出，紫砂制品中锰溶出量与二氧化锰的添加量成正比，与制品的烧成温度成反比。因此紫砂制品要在烧成温度范围的上限烧成，这样可降低锰溶出量。紫砂制品中二氧化锰正常的添加量应在 3% 以下。试验表明，在此范围内的锰溶出量是安全的，不会危害人体健康，可以放心使用。

2012 年 12 月 16 日，由宜兴市陶瓷行业协会和江苏省陶瓷研究所有限公司联合举办的"宜兴紫砂材质的研究"成果发布会在市陶瓷行业协会会议室举行[2]。江苏省陶瓷研究所有限公司在 2010 年下半年开始，全力开展该项目的研究，通过广泛调查、大量试验和科学检测，已于 2012 年上半年完成了该项目的研究工作。"宜兴紫砂材质的研究"项目针对紫砂的三个热点问题——紫砂的特殊性能、紫砂的真伪和化工原料添加进行了调研和分析。

首先是"紫砂的显微结构和材料特性"。通过对紫砂的显微结构的研究，以及与其他普通陶瓷显微结构的对比，项目组总结出紫砂在显微结构上具有的三个特征：团粒、层状气孔和鳞状表面。由于这些显微结构特征的存在，紫砂产品所具有的许多产品特性才能够得到科学的验证和解释。例如紫砂为什么会"透气不透水"？紫砂为什么会有玉石般的"水色"？这些都与紫砂特有的显微结构相关。

---

① 诸爱珍，徐泽跃 . 紫砂制品中二氧化锰添加量和锰溶出量关系的研究 [J]. 山东陶瓷，2013（1），23–25.

② 江苏陶瓷，2012 年 01 期：第 49 页 .

其次是"黄龙山及其他产地原料的性能"。通过对各种紫砂原料的试验和检测，项目组总结出紫砂原料必须具备的六个关键性能，即硬质黏土、原矿纯净、高可塑性、低收缩率、片状晶体和单独成陶。对不同原矿在化学组成、矿物组成和工艺性能等方面的研究成果表明：在目前使用的各种原矿中，产于黄龙山的紫砂原矿确实具有一定的性能优势，主要体现在原矿工艺性能方面，这也就解释了为什么用黄龙山原矿做的紫砂壶品质更高。试验也同时证明，用其他性质与黄龙山原矿泥相近的原矿也能制作出质量符合国家标准的紫砂产品。

　　最后是"化工原料与金属离子溶出"。通过对含有化工原料的紫砂产品进行金属离子溶出量的试验，项目组发现，确实有一些化工原料能够使产品的金属离子溶出量超过国家饮用水的允许上限，也就是化工原料有可能会产生安全问题；但同时也发现，合理添加化工原料后并不会危害健康，是否会产生健康问题的关键在于化工原料是否被正确使用；建立原料的质量管理体系和普及原料加工过程中的试验检测是防止不合格紫砂产品流出的有效途径。

　　"宜兴紫砂材质的研究"是政府为保护并促进紫砂业健康发展采取的一项有效措施。该研究的结果，将为紫砂行业的管理提供建议，为紫砂原料的生产提供指导，为紫砂产品的宣传提供依据。

　　以上两个科学研究，证实了不恰当地添加化工原料制成的紫砂茶具肯定对身体有害。但作为消费者，仅仅从感官上是很难判断出手上所拿的这一把壶是否添加了过量的化工原料。

　　笔者查阅了大量资料，未能有定论。可以说，众多的疑惑和讨论，形成了一些不成文的经验分享。但这些经验也仅仅只能作为参考：添加了化工原料的壶，在还未用过时，将热水注入壶内，会散发出明显且刺鼻的气味，有的打开壶盖即可闻到明显的刺激性气味。这些壶，有的似有煤油味，有的似有生石灰味。当然，有些壶也许未添加化工原料，但因烧制火温不足（为何不烧至该泥料最恰当的温度？因为烧制生些，会减少瑕疵的比率），土腥味重，也会给人不愉悦的感受。若制壶用的是劣质的泥料，也有可能出现土腥味重的现象。另外，也要注意新壶在流通过程中是否被储存在甲醛超标的橱柜、竹木的包装盒中，有些包装盒的气味也很严重，紫砂壶胎又是容易吸收气味的，因此也会有明显的刺鼻气味。

最困扰人的是，若添加了过量化工原料的壶是无味的，或者存放使用了很多年后味道变淡了，那是无法通过嗅觉判断出来的，只能从视觉和触觉上做综合判断了。

推荐一个简单方法试验壶的气味是添加化工原料带来的还是泥料本身的：将壶放入清洁干净的无油的容器中（如圆柱形的钢精锅、不锈钢锅），用冷水浸没紫砂壶（壶和盖分开），煮沸后关火。待稍凉，将取出的壶再放到冷水里浸泡半小时，取出壶后倒干净壶内的水，自然阴干半天。如此反复两到三次，再闻壶的气味，若异味消失，则壶可能是安全的。当然，这只是通过感官进行的初步判断，无法科学且确切地判断壶胎体是否添加了化工原料。

一般来说，在经开壶、初步养护之后，若仍存有较重的令人不悦的气味，则该壶的用料及烧成不佳。商家大多承诺最少7天的鉴赏期，可根据情况，考虑是否留下。

笔者经对比试验，发现原矿的紫砂壶，烧成温度恰当，即使是新壶也无土腥味，但用水煮过后，再对比嗅闻，原矿与非原矿区别仍是很大。

未用的新壶，颜色过于光鲜，尤其是蓝色、绿色的一些少见的紫砂壶，更要提高警觉。

有些壶做工较好，仿冒名人款，令人难以辨别真伪。市场上现在仿冒的不仅是"大师"的，也有仿"小师"的——网上能查到职称的工艺师做的壶。因为是仿冒壶，所以通常花500元买来的壶，到网上（多见制壶者的个人网站、淘宝网等）查询后发现标价3000~5000元。如今购壶者把仿

做壶需要胆大心细，考验耐心与学养

冒紫砂壶作为礼品送人，感觉既实惠又有面子。这种做法，也常是紫砂壶的促销之法。

有时为了促销，商家还会把紫砂壶某个方面具有的特点夸张地呈现出来，常见的有：把火柴在紫砂壶上用力划擦，火柴着了；把紫砂壶放在水缸里面，壶能平稳漂浮，俗称"水上漂"；用壶盖外侧敲击壶体，听声音；一个人站立于紫砂壶口上，壶不会破碎；把紫砂壶装满水，翻转壶身，壶盖不掉；把紫砂壶反扣在桌面上，壶口与壶嘴、壶把在一个平面上；让消费者用脸去蹭紫砂壶，感受紫砂壶的细腻光滑；有的壶在倒水时，能发出似鸟啼声的鸣响（已有艺师专门针对此功能，制出了专利壶），等等。这些都是商家常见的促销之道。这些方法加上售壶者的说辞，常能打动购壶之人。但选壶挑壶，要综合判断，从做工、用料、给人的感觉等进行综合考量。

紫砂壶作为一件工艺品，从外在看，要古朴、含蓄、精巧、文雅，值得细细品味；从内在看，要做工精良。制作上，要注意下面几个要点：第一，口盖的密合度要符合要求，一般可按住壶钮气孔，从壶嘴吹气，看是否会从口盖漏气，若仅是商品壶，可通过日后稍修整解决；第二，壶嘴该圆的要圆，该方的要方；第三，壶口内部及其出水孔也是细作，孔细圆、壁光洁；第四，壶把儿端拿舒适；第五，倾倒茶汤时壶盖不易掉落，要求壶盖的盖唇造型与壶口合宜；第六，壶给人的整体感觉要浑然一体。总之，若想提高对紫砂壶的鉴赏水平，一定要常看一些名家设计的出色、工精艺美的好壶，多学习了解各种艺术门类，提高自己对美的欣赏能力。

㉜ 选壶之标准

选壶，我认为没有标准。那如何选择？凭借自己对茶的爱好和对美的追求，将茶艺逐渐变为自己的一种生活方式，不刻意，不造作，你的心自然会告诉你如何选择。

对学者、茶人、藏家谈的选壶标准，该如何看待？保持谦卑之心，多学习，多交流，提高自己的认识。因为人的认识会不断地发生变化，不要刻意地模仿，也不要试图去改变人家的看法。要不断地思考，不断地以行动去实践你的想法，假以时日，自然能领悟有茶生活的奥妙，也能有自己的选壶标准。

若是一定要给一个标准，我觉得若是作为泡茶之用，好壶的标准应包括：安全性高，泥料上好，提拿顺手，泡茶好喝，出水畅快，断水利落，口盖严密，壶上线条贯气，观之耐人寻味，品茶之余，能引人遐思，令人愉悦。

何道洪制 秦方壶

一把好壶给人带来的感觉也许是壮美，也许是闲逸，也许是温婉，也许是古拙，也许是清雅……浑然天成，放置在精心布设的茶席上，无违和之感，心满意足就好。

33 紫砂壶九不碰

（1）儿童尽量不碰壶。尤其是在低矮的茶台附近品茶时，要留心周围是否有儿童在场，万一打碎了，不仅损失了一把好壶，孩子的监护人可能还会怪罪你没有看护好茶具。而且，壶在有的人眼里根本就不是值钱的东西，到头来既损失好壶，又伤心、伤和气。

（2）冰冷的手不碰壶。尤其是养护得很好的壶，非常光滑，冻僵的手不灵活，提拿壶盖或取壶时，非常容易失手滑落。

（3）激动和兴奋时不碰壶。人遇到非常开心的事时，手舞足蹈，极容易伤壶。

（4）受惊后尽量不碰壶。发生意外时，虽未酿成大祸，但内心受到惊吓，未能平静，这时拿茶壶，容易磕碰。

（5）脏手不碰壶。手上有油、土时不摸茶壶。以净手品茶，本来就是品茶的好习惯。

（6）小觑紫砂壶者不碰壶。不要高估了自己改变别人看法的能力。身边总有一些看不起紫砂壶者，与这类人共同品茶时，最好不要分享你的壶，尤其是特别心爱的壶，以免自讨没趣。

（7）气温温差特别大时，最好别碰壶。壶在突然遇冷或遇热的情况下，容易发生惊裂，特别是薄胎壶、受过磕碰的壶，极容易裂。

（8）有明火时不碰壶。很多紫砂壶都可以直接在火上加热。但我认为，尽量不要这么做。不仅因为火苗容易令紫砂壶局部受高温，还有壶底的铁圈或支钉也容易令壶受热不均；而且，在添水泡茶过程中，壶难免要经受很大的温差，容易惊裂。

（9）无敬畏、诚敬之心时不碰壶。尤其是面对那把被自己奉作修心之器的壶时，需净手净念，如是，才能修身养性。

朋友儿子打碎的两把坭兴壶

③4 劣质壶泡茶的可能表现

劣质壶是用劣质泥制成或添加了过量化工原料的低质量的仿冒紫砂壶。用这种壶泡茶，可能会出现的情况有：①茶汤浑浊。②茶叶的香气变淡并夹杂令人不愉快的气味。③出完茶汤闻壶内气味，有明显的刺激性气味。④壶内壁容易沾染茶垢。⑤茶汤存在壶中，夏天很容易变质（与真紫砂明显不同）。⑥即使经常使用，壶中令人不愉快的气味仍旧存在。⑦与原矿紫砂壶相比，茶汤容易变质。假若手里有类似的壶，不妨做对比试验，尽量挑选泥料和壶型相似的壶作对比。

㉟ 新壶的清理极为重要

因盖子略有残缺，一位追求完美的茶友转让给我一把紫泥竹节壶。壶之表面被他养护得极其温润，颜色不仅深沉，而且还散发着玉之光泽，整体感觉不错。揭开残缺的盖子，发现壶口内沿有两处明显的沙粒，似乎给人感觉壶做得太粗糙了。但看其壶外表，又不太像次品，因为壶流基部的内部孔眼做得非常精细。我有个习惯，无论是谁做的壶，我都会用砂纸在壶内部进行打磨修饰，然后用茶水煮沸开壶，清理一番后，再泡茶使用。于是，取一块粗砂纸，在壶内口部进行打磨，稍一用力，便有细细的沙土被打磨下来，令人不解。再用手指一抹，发现几乎都没有了，极其松散。原来是壶被制好之后，壶口内残存了多余的泥沙。而茶友使用时，估计没有清理开壶，便使

刚出窑的紫砂壶内部还残存有氧化铝粉末

用了。看着打磨下来的约有一个小指甲大小的沙土，摸着内部非常光滑的壶口内壁，不禁为茶友的疏忽感慨起来。不知他随着茶汤喝了多少粒沙土，希望他身体无恙。

完美之壶能觅得否？在追求完美的路上，不要忽视了太多的关键。记之，省之。

㊱ 紫砂壶开壶

紫砂壶和陶壶，使用前我建议还是开一下壶比较好。开壶是指烧成之后

的新壶在正式启用之前，对壶进行清理与用茶水滋养的过程。因紫砂材质与陶材质胎体具有一定的吸附性，会吸收环境中的异味，用茶水滋养一下，可清理所带有的异味，对茶器的使用及保养有益。

很多茶友都有自己的开壶方法。我自己常用的方法是：首先，把紫砂壶（无论新旧）的内部用细砂纸稍作打磨，去除一些可能存有的泥渣，出水孔及盖钮排气孔用细钢丝再通一通，以确保孔眼通畅。其次，用自来水清洗一下，然后取干净无油的锅，把壶和盖子分别放置在锅中，倒入干净的自来水（水质偏软为好，水质太硬的话，容易使壶沾染白色碳酸钙），确保紫砂壶全部浸没在水中。再次，在锅中放入茶叶（根据自己的喜好，放入红茶或乌龙茶等），然后点火煮沸。最后，关闭火源，待冷却后，取出紫砂壶。若紫砂壶气味较大，可多次重复此步骤。当然，若气味特别大，则要考虑紫砂壶是否添加了过量的化工原料或烧成温度不够。

开壶时还要注意的是，壶盖和壶体在烹煮时会发生互相碰撞。我开壶时就发生过壶盖的盖缘被磕掉半个米粒大小的一块的情况。当然，也有可能是开壶前壶盖受过"内伤"而未显现出来。最好在开壶时看着火，当煮沸时及时把火调小，锅中的壶体和壶盖就不会因煮沸而互相碰撞；或者煮壶的时候，直接把壶

紫砂壶开壶

和盖子分两次烹煮。

还有一次，我在开壶时忘记关闭液化气灶台，现在想来都感觉后怕。一钢精锅的茶水，烧了近 2 个小时，锅中的茶水几乎烧干，厨房里弥漫着烧焦茶叶的气味。幸亏儿子从外面回来，发现了灶台上的问题，及时关了火。锅中的壶表面已漆黑一片，壶内还有一些碳化的茶叶渣。这时建议先不要触碰锅和壶，因为温度特别高，容易烫伤自己，也容易损坏壶。待温度降下来之后，建议把壶放在高浓度的 84 消毒液中浸泡，残存在壶盖、壶体内外的碳化茶叶渣会慢慢溶在消毒液中，消毒液会变成黄色。待紫砂壶面貌恢复到原样时，再用自来水冲洗，重新开壶。若不放心，可以开壶 2~3 次，以确保 84 消毒液没有残留。

对于老旧的紫砂壶，先作判断，若能作茶器泡茶使用，则可在用 84 消毒液清洗后，多次开壶，开壶后再用来泡茶。若是残壶，壶上有金属钉，84 消毒液就不宜使用了，可以考虑使用牙膏、小苏打等小心清理。无论使用什么壶，一定要综合考虑，确保食具是安全的，不能有损人体健康。

37 壶在启用前，为何必须用沸水煮一下

用于泡茶的壶，无论是新壶还是淘来的老壶，我都喜欢在正式启用前用沸水加茶叶煮一下。对于老壶，我还喜欢用 84 消毒液兑上水，泡上几个小时。经过浸泡之后，壶上的一些茶垢就会被泡掉，剩下的较难去除的茶垢，用牙刷蘸上牙膏或去污剂也能进一步清除。有茶友担心 84 消毒液不安全，也可选用"假牙清洁锭"进行处理，若仍清洁不干净，再用牙膏刷洗。处理后，把壶放到蒸锅里蒸 20 分钟，反复擦拭，直到干净为止。

有茶友可能会说，我的壶用一种茶叶养了很多年，已经有了很漂亮的包浆，若是清洗，不是都白费了吗？我曾经有缘请到一把壶友转让的养了十

年的紫砂壶，壶内茶垢很厚，壶壁及壶内底的太阳线^①，也积攒了不少茶垢，壶表面很干净，温润可爱。我用84消毒液浸泡不到半小时，壶内的茶垢基本就清除干净了，壶表面光亮度似乎减弱了些。但冲洗后，再把壶放入茶水中煮沸，使用不久后，发现壶的表面很快就润泽起来。我从不迷信所谓的茶山^②，虽然有些医学研究者认为很厚的茶垢有重金属之类的富集物，但从这个微小的量而言，对身体也不可能会有什么危害。干干净净地养壶，在品茶的过程中，用干净的手摩挲干净的紫砂壶，本身就是一种乐趣。

壶在启用前，要用沸水加茶叶煮一下。因为有些壶尤其是稍微旧一些的壶，如20世纪80至90年代的壶，当时一些商家为了卖相好看，会在壶的表面涂蜡。而用沸水一煮，蜡就会从壶的表面上明显地析出，待擦干后，再用酒精棉球擦拭。你会发现擦拭后，蜡变少了，而且表面的蜡也分布得不均匀了。随后可用橡皮进行擦拭，就看起来比较干净了。

煮过以后才能发现壶表面被涂了蜡

① 在紫砂壶内的底部，一种由中心向四周呈发散状、如太阳光芒线的泥痕，称为"太阳线"。常见的模具壶，一般都是以"外模内挡"的成型方式为主，"挡"成后，壶的内壁表面会因受力不均而出现凹凸不平，为使内表面光滑平整，工手们必定会使用工具进行整理。此操作常被称为"推墙刮底"，使用的多为竹制工具，竹片在泥片表面划过，最终形成了"太阳线"。
② 紫砂壶因具有良好的透气性，壶壁内部较为粗糙，在长期的使用过程中，茶迹会吸附在壶内壁上，形成自然的纹理，似水墨画中连绵起伏的山峦线条，人们称为"茶山"。

这时，可以把壶再次放入刚煮过壶的锅内，二次煮沸，再取出壶。假如壶的表面又有蜡出现，继续如前处理，直到没有蜡为止。

有些茶友对用沸水开壶这个过程不重视。其实有些用了很多年的壶，虽然表面养得看起来很温润，但用沸水一煮，还是会有白白的一层蜡出现。也就是说，壶无论新旧，若不进行煮沸观察的话，蜡很可能会一直残留在壶的表面。

最难清洗的壶是那种涂抹了鞋油的壶，这种壶常常出现在低端的古董店，基本上壶内壶外都有鞋油，非常难以清理。处理这种壶最好的办法，我觉得是回炉烧：把紫砂壶放到窑里再烧一遍。用其他清理的办法，似乎很难清理干净。而且，即使自己感觉清理干净了，在泡茶时，也很难安心。所以，这类壶还是尽量不用为好。

当然，我们不希望售壶者为了壶的卖相而采取打蜡或涂抹鞋油的不利手段，在此，我贡献的此技，也实属无奈之举。最后，希望壶友都能用上干净、安全的壶泡茶。

38 紫砂茶具去除蜡的方法

20 世纪 80 年代左右的一些紫砂壶，为了让壶增添光泽，常用石蜡"化妆"或者用类似酒店擦鞋机那种线刷抛光。这种壶或品茗杯，放到水中煮过之后，壶或杯的外表面会有一层白霜，很难去除。我发现用稍粗硬一点的橡皮用力擦，可以去除。假如还除得不干净，可以再把壶或杯浸入热水中，拿出后用餐巾纸用力包住壶或杯的外部，蜡受热后会被纸吸走；还可以用酒精棉球擦拭壶表面的蜡，效果也不错。切忌用粗砂纸打磨，因为这样做就把壶或杯的光滑表面破坏了，无法修复。当然，无论用什么方法，一定要小心、细心，不要伤了自己，也不要碰坏或摔碎了壶。

把蜡去除干净的壶，再用冲泡茶叶的沸水，在壶上浇淋，可以看到水汽渐渐蒸发的现象，不会像未去除蜡之前那样水从壶上滚落。经多次养护后，壶越发温润可爱，能散发出淡淡的茶香气。

㉟ 流行用豆腐和甘蔗开壶，引人深思

如果你从网上搜索开壶的方法，会发现答案五花八门，其中就有用豆腐和甘蔗与紫砂壶一同烹煮的方法。从科学的角度来说，紫砂器用豆腐和甘蔗烹煮，除了沾染豆腥气和堵塞胎质气孔外，不知还能有哪些用处。

那么，为什么还有不少壶商推荐用这种方式开壶呢？

我想最主要的一条原因可能就是：掩盖用劣质泥制成或烧成欠火的紫砂壶的异味。利用豆腐和甘蔗开壶，可以暂时掩盖壶的土腥气，尤其是对于刚接触紫砂壶的朋友，他们弄不清真紫砂壶到底应该是什么气味，若有存疑，听着商家的解释和网上相关的文章，似懂非懂地就接纳了采购的壶。

那用什么方法开壶比较好呢？我个人还是喜欢在对壶的内部作简单地清理之后，用茶汤开壶。讲究一点的，自己准备把此壶用来泡什么茶就用什么茶开壶。退而求其次，用红茶、绿茶、乌龙茶开壶。好泥料的紫砂壶，在第一次开壶完毕，嗅壶内气味，就能闻到淡淡茶叶香气。

初识一友，发现他有一把壶，被他视为劣质壶。问及原因，他说买来新壶后，用豆腐和甘蔗煮壶，壶上留下了彩色的斑痕，所以他认为是壶不好。轻轻敲击，发现壶声音刺耳，他就认为紫砂料不好。我重新帮他二次开壶后，经多日观察，发现这是一把不错的壶。原来是朋友用了不合适的方法开壶，造成了误判，这种开壶方法实在是不可取啊。

40 网球孔紫砂壶的思考

　　我买到过几把出水孔为网球孔眼的紫砂壶，这种出水孔做得非常大，孔眼规整细密，壶做工也很好，但价格不高。问了做壶的行内人士，得知，网球出水孔是专门有人做的，主要是为大量低端商品紫砂壶市场供货。因为市场上低端紫砂壶大部分使用了这种网球孔，于是给人一种"凡是有这种网球孔的紫砂壶都是低端品"的错误认识。但在实际泡茶使用时，我发现，网球出水孔非常好用，不仅出水力度大，而且对茶叶的阻隔效果也非常明显。我相信随着市场的进一步发展，网球孔紫砂壶与低端商品壶会渐渐剥离开。

精致的网球孔

41 紫砂壶型与茶类的选择

　　绿茶，选胎薄、口阔、身筒矮、胎质致密的紫砂壶；高香型的乌龙茶，选胎薄、身筒矮、壶型小、胎质致密的紫砂壶；重滋味的高发酵乌龙茶，选胎厚、壶口收缩、胎质稍疏松的紫砂壶；高香型的细嫩红茶，选胎薄、身筒矮、壶型小、胎质致密的紫砂壶；陈年普洱茶，选胎质稍疏松、身筒

徐青制 陈曼生像

高、器形稍大些的紫砂壶，可以去除杂味，使滋味更加醇厚。对特定的壶，我的建议还是用不同的茶多做试验，看看泡哪一种茶的口味自己最喜欢，然后可以相对固定地用这把壶泡那一种茶。

42 品相是紫砂壶的生命

时常看到微信朋友圈里面有人转发关于宜兴紫砂的文章，我认为这种文章的某些观点是错误的，不可参考。尤其是对初学者而言，这种文章具有迷惑性，很容易将初学者引入歧途。比如一篇文章中这样说："很多新手朋友追求的壶都是这样的——要全手工的，有内壁章，盖子一丁点都不能晃动，不能有瑕疵，出水要好，价格要低。"消费者的这种要求没有错，错的是商家对待消费者这种要求的态度和做法，他们并没有花心思去创造，而是刻意地模仿全手工壶的设计以达到消费者的要求，从而促使了市场上各种造假壶的诞生。品相是紫砂壶给人的第一印象，千篇一律的风格也就无所谓品相好坏。所以，提醒从事紫砂行业的从业者，应以消费者的需求为核心，坚守制壶、售壶的法律底线，善用宜兴不可再生的紫砂矿资源。

㊸ "型"之吸引人

高振宇制 逸公壶

很多年以前，有缘在电视上看到了顾景舟先生的录像，他说，人们喜欢紫砂壶，就是喜欢紫砂壶的型，紫砂壶有各种各样的造型，有的像美女，有的像小和尚，等等。那时候我虽然喜欢紫砂壶，但只拥有几把，也没有积累太多的使用经验。最近忽然想起他老人家的话了。的确，紫砂壶最重要的两个因素就是型和料，造型是壶的主题，泥料带给人以不同的感触。当然，泥料也是展现壶主题的关键要素。当时看录像时，感觉那些话像是顾先生随口一说。现在再回想，觉得先生句句点到了紫砂壶之紧要处，实在令人赞佩。

㊹ 经典壶式，文人气象

人们喜欢造型经典的紫砂壶，并非一味崇古之说，现实中有许多事例已证实了这一点。下面介绍三件小事：其一：1998 年，有一位从未接触过宜兴紫砂壶的日本著名浮世绘画家造访宜兴。在当时的紫砂一厂的众多壶品中，他选购了三把壶，全部为古典造型紫砂壶。其二：曹工化先生的《曼生壶杂思》有记载，一位知名的绘画艺术评论家酷爱紫砂壶[①]，他曾拿来 100 多把紫砂壶给一位画家朋友观赏，这位画家从未涉猎紫砂壶，但看中的款式全部是古典造型紫砂壶，且大部分是"曼生十八式"中的壶型。其三：宜兴壶作品在海外展出时，大部分国外观展者不了解紫砂文化，但他们喜欢的几乎都是古典造型紫砂壶作品。

紫砂壶为什么那么有魅力？为什么大家会不约而同地喜欢古典造型的紫砂壶作品？因为紫砂壶造型得以流传至今，都是经历了时间的考验，经受了一代又一代文人雅士与紫砂艺人的精心雕琢，承载了太多的中华艺术之美学趣味而终成经典。大美无疆，美可以超越国界，人们喜爱这种造型的壶其实是喜爱融天地之大美的中华文化艺术。

曼生壶之棋奁壶

---

① 曹工化.曼生壶杂思 [M] //西湖茶思录.杭州：浙江文艺出版社，1991，90-93.

45 要重视紫砂食具的质量安全

经检索中国知网，查阅到两篇有关紫砂食具质量安全研究的论文。其中一篇为刘彩丽、李志平撰写的《ICPMS 法对紫砂食具容器的重金属迁移分布研究》，刊发在《化工管理》杂志 2018 年第 10 期上。该文献指出：低端产品受其价格因素影响，产品质量存在隐患。因紫砂泥料资源有限、价格较高，生产企业可能会选用品质不高的紫砂泥料作为生产原料。仿制的紫砂食具容器有可能添加了化工原料，如钡、钴、铜、铁、锰、铝、砷、铬等，以增加色泽。

另一篇是贾芳、谢文绒、侯向昶撰写的《紫砂茶壶质量安全风险研究》，刊发在 2018 年第 12 期《中国标准化》杂志上。该文献指出：消费者在使用紫砂制品前，应使用热水多烫泡几遍，可降低铝元素迁移量过高的风险，并尽可能避免给儿童使用紫砂制品。

综合上面两篇文章的研究结果，我们从中可以得出几个结论：第一，卖得好的紫砂杯、紫砂壶和紫砂锅等产品，只能说明该公司或售卖者营销能力强，质量不一定好。第二，作为食具的紫砂壶的国家标准应尽快针对市场产品调研的情况，从食具安全的角度对某些重金属等元素作规定要求。第三，消费者购买紫砂制品时，不能贪图便宜，尽量避免购买那种添加了化工原料的紫砂食具。

另外，结合我对市场情况的了解，成本在 10~20 元的紫砂酒瓶，也应引起政府、企业及消费者在质量安全方面的重视。

46 1980 年之后的紫砂壶

伍中行是台湾拥有百年历史的传奇商号，它的第三代主理人吴杰熙先生

吃茶 40 余年。面对茶，他有着
开放包容的心态，他不仅用各
种中国传统的茶具泡茶，还喜
欢用咖啡壶煮茶，喜欢听爵士
乐、古典乐，认为品茶应以追
求茶中乐趣为上，不拘泥于音
色深沉的古琴音乐。他在《叶
放访茶》栏目中接受采访时说：
"20 世纪 80 年代以后宜兴做的
茶壶没有以前的壶泡出来的茶
好喝，我从宜兴购壶回台湾以

一把老壶

后用柴窑再把壶烧制一次，当把整个紫砂壶该有的金属物质激发出来的时
候，它表现的茶汤才是完美的。"根据笔者观察，20 世纪 80 年代以后，台
湾掀起了紫砂收藏热，之后紫砂市场起伏不定，21 世纪初又再度升温。台
湾茶人喜欢用紫砂壶冲泡乌龙茶，壶体胎质烧结致密者，泡发酵度轻的台湾
乌龙茶有较好的口感。

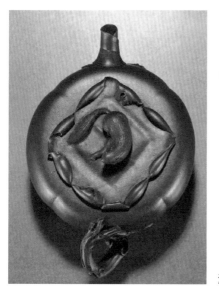

47 老紫砂壶可软化茶汤

民国以前的紫砂壶可以被视为老
壶。以老壶泡茶，尤其是泡半发酵及全
发酵的茶，味道绵软甘甜。老壶，可以
泡出特别的味道。

清·陈鸣远制 子式先生上款紫泥松鼠柿子壶

④⑧ 使用老紫砂壶的体会

何谓老紫砂壶？似乎未有定义。个人认为，有百年以上历史的便能算得上老壶了。淘到老壶，我一般是先清理，再作为茶具使用。如果是用鞋油之类做旧的假冒老壶，不要用来泡茶，茶具安全是第一位的。对于淘来的老壶，一般清理的方法是：先用清水浸泡一天，再用洗洁精或去污剂喷一下，用刷子刷，再放到浓度较高的84消毒液里面浸泡，壶盖和壶分别放置在不同容器中。注意不能用金属容器，因为金属容器与84消毒液会发生反应。84消毒液在清理茶渍方面效果很好。大约泡一天之后，取出紫砂壶，用清水冲洗，再根据去除污渍的情况，用刷子刷洗。然后，看壶内的情况，若有不平整或泥渣之类，可用粗砂纸打磨。这时你会发现，打磨老壶与打磨新壶感觉是不同的，老壶的胎质会细腻疏松些，新壶的胎质会稍致密些。把打磨后的残渣、土屑冲洗干净，然后再把壶放到无油的锅里，以茶叶煮沸，相当于老壶经过清理之后的第二次开壶。我一般常用红茶开老壶。待煮沸之后，让壶在锅里自然冷却。取出壶，再冲洗壶上残存的茶汤。这时候闻一下壶，不会闻到84消毒液的气味，茶的气味也不明显。

根据第二次开壶的情况，可以再判断一下，要不要再重新放茶叶开一次壶。一般经过这样清理程序的壶，用沸水浇淋壶面，能明显看到壶的表面水蒸气慢慢蒸发。壶的表面是哑光的，并不会因为使用了84消毒液等清洁剂就破坏了所谓的包浆。只要壶的明针工艺做得好，在茶水的滋养下壶很快就会焕发出新的光芒。

为了安全起见，老壶要多开几次壶，或放在茶台上用茶汤多滋润一些时间再考虑正式使用。毕竟，有些壶不清楚以前的使用情况，应先确保茶具安全。

49 老味的壶

最近非常痴迷老味的壶。我所理解的老味的壶，是具有古朴沉静之气息的壶，与新老无关。色泽沉暗，造型古雅，壶的表面温润，摩挲壶体能带给人静默的力量。总觉得言语难以描绘其特点，但与市场上充斥的色泽浮艳的壶有天地之别。壶所具有的老味之美，更能激发出内心的愉悦。

摹古亦风雅

50 紫砂壶的新与老

判断紫砂壶的新与老时，不是说上面的灰或痕迹越多就越古老。

通过看一把壶上的痕迹很难一下子就判断出壶的新与老。有的壶一直被壶的主人放在茶盘上泡茶，而且采用净衣派的养壶法，壶体内外被擦拭得干干净净，看起来温润可爱。这样的老壶，可能会让人觉得干净如新壶。而有的新壶因疏于保养，壶上积满了尘垢，也容易被人认为是老壶。因此，从壶上的痕迹来看，这些痕迹只能作参考，判断壶的年代还要综合考虑泥料、烧成、颜色、器形、工艺水平、壶艺风格等因素。

壶上有痕迹不一定是老壶，无痕迹也不一定不是老壶。老痕迹不等于旧痕迹，旧痕迹不等于脏痕迹。最常见的就是有些古董商把壶弄得非常脏，不仅有油垢，还有霉斑、茶叶、酱油等混合物，让人很难判断。

作为泡茶之器，均以保养得好的"真、精、净"的古器为上品。是原创还是仿品，还要综合判断，不能过于武断。

另外，有些名家古壶，可能在历代主人保管把玩的过程中受过损伤，被用各种肉眼难以分辨的材料修补，这些材料有可能会有毒。假如用这样的壶泡茶，可能会污染茶汤，危害健康。若有缘得到这些古壶，不妨将其仅作为把玩物件，体会古壶的古雅美学韵味，还较为安全。

51 紫砂壶的透气性与欠火候

紫砂壶是介于陶器与瓷器之间的炻器，透气性也介于陶与瓷之间。瓷器胎质致密，与玻璃器具极相似，每次泡完茶清洗之后，几乎不会留存茶叶气味，所以，用瓷盖碗试茶是爱茶者的习惯。陶器烧制温度低，吸水性强，常留存所储存过物品的气味。陶器泡茶，常会出现色脏现象，不易清洗。紫砂壶透气不透水，长期使用，会有温润若玉的触觉和视觉之美，对所泡的茶叶亦有好处。

如今市场上常见欠火或过火紫砂壶。欠火紫砂壶，颜色沉闷，新壶有明显的土腥气，开壶初养一段时间后，能明显减轻。用沸水煮壶，有明显的滋滋吸水声，且持续时间较长。此类壶比较适合沏泡红茶或熟普洱茶。还有一类紫砂壶颜色多为淡紫色，表面似有一层白雾，这种现象多是因为添加了少许二氧化锰（符合安全范围内则好）等添加剂，其烧结度高，透气性比瓷器稍低，但已经接近瓷器。此类壶适合泡绿茶（泡茶时不要加壶盖）或铁观音等轻度发酵茶。

欠火的紫砂壶，是为了提高紫砂壶的烧成率而人为制造的。因此，茶叶爱好者会把此类欠火的紫砂壶回炉二次烧，以放大紫砂壶本身具有的优点。

52 防止紫砂壶落灰的方法

多年之后，喜爱品茶者可能会拥有数把紫砂壶，超过三把放到茶桌或茶盘上就会觉得拥挤。若暂时不用，我常将壶清洗干净晾干后，用极薄的无异味的食品塑料保鲜袋包裹，然后放置在茶桌附近的架子上。塑料袋能遮挡空气中的灰尘，再次拿出紫砂壶使用时，壶干净清爽，不必再次清理。但要注意，最好不要用橡皮筋绑住壶盖与壶体，以防放置时间长了橡皮筋老化后粘在紫砂壶表面。

53 要特别重视紫砂品茗杯的材质安全

在茶具中，唯有品茗杯与口唇接触频次最多、时间最长。茶汤盛在小品茗杯中，杯子的材质若不安全，有毒成分则可能会渗透到茶汤中，对饮者健康造成不利影响。因此，最好选择原矿的品茗杯，瓷杯要特别注意辨别其釉料是否安全，以避免选择铅含量超标的杯子。在紫砂市场上，常见一种容量大约在250毫升的带把儿、带盖的杯子，这种杯子一般用的泥料都不太好，在选择时，一定要慎重。陶土气味重，颜色鲜艳，做工粗糙的，最好避免使用。

54 温杯烫盏的重要性

在茶艺程式中，有一个步骤称之为"温杯（壶）烫盏"，被很多爱茶人常常省略，一是觉得烦琐，二是觉得浪费开水。在日常生活中品茶，我也常常省去这一步骤。在江南的冬天，室内温度较低，用沸水直接冲泡杯盏，容易

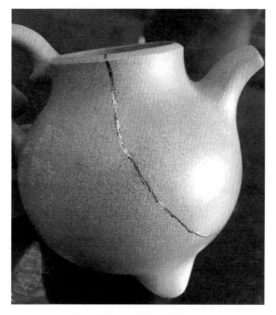

经金缮修补的段泥公道杯

造成惊裂。我用紫砂壶有个习惯，就是常用很少的水先去润一下茶，一般注入约 1/3 壶的沸水或更少些，然后迅速地荡一下，一般 5~10 秒即可出汤，倒出的茶汤留待正式冲泡后用于滋润壶表面。由于有这样的习惯，壶在我手上还是非常安全的。但杯子就没有这么好的运气了。有一个约 200 毫升的龙泉青瓷杯，就在 2016 年的冬天被我烫裂了。本来看着杯子不断增加的冰裂纹，感觉有出其不意的美，但忽视了厚釉瓷杯对温差的耐受度，冲入沸水的那一刻，杯子"啪"的一声，出现了一个很长的裂纹，茶汤就从杯子里渗出来了，看来温杯烫盏真是不能忽视啊。

 惊裂

　　壶友一般把在使用紫砂壶泡茶过程中壶突然发生的破裂情况称为惊裂。产生的原因主要有以下几点：一是环境温度过低，烧开的水直接倒进壶里冲茶，造成壶的内外温差过大，从而发生破裂；二是胎体太薄或是有一定年代的老壶，在突遇高温的情况下，会发生破裂；三是壶上有内伤，曾经局部受到过磕碰，但未出现裂纹，突遇高温便会发生破裂；四是用明火直接加热紫砂壶，壶因受热不均，发生破裂。另外，日晒对紫砂壶也没有好处，容易形成茶渣色痕。有些质量不

佳的壶，长期经受太阳暴晒，壶把儿和壶流还会风化脱落。紫砂壶泡完茶，清除茶渣后，壶和盖要分开，这样壶内部的水分容易蒸发掉。让壶自然阴干最好，不要烘，不要晒。另外，壶不要放到冰箱、微波炉里，居家生活放在案头，安全第一！

我有一个哈尔滨的壶友，他的茶室设在温度较低的阳台上，在冬天他就不敢使用朱泥壶，主要是担心朱

朱泥壶思亭壶一把

泥壶惊裂。这种情况下如何防止惊裂呢？不妨在冲泡茶叶之前，先把紫砂壶用温水预热一下。比如，把刚烧沸的水倒入公道杯中，稍降温后先在紫砂壶的外部浇水，再把温水倒入壶内部，让温水充分浸润壶内外，然后再取茶叶放入壶中，洗茶，正式冲泡。

佳器难寻，有缘遇到好壶，还得细心呵护才是。不毁茶器，善待茶器，做一个茶器的守护人。愿壶受到最好的呵护，由此也可培植茶人和壶友的爱物惜物之心。

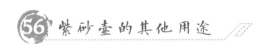

56 紫砂壶的其他用途

除了作为茶具，紫砂壶还有哪些用途？

有餐饮店用紫砂壶盛汤，既能保温，又能凝聚香气。用紫砂壶盛汤，每

客一壶、一杯，从壶里倒出来的是鲜美的羹汤，既给客人带来了新奇感，又避免了有人用自己的小调羹直接在大汤盆里舀汤喝，既方便又卫生。

媒体曝光劣质壶可能污染茶汤，对人体健康不利。如果你恰巧拥有这款劣质壶，那么该如何处理？或者壶被碰裂了，不想锔壶再用于泡茶，但扔了又可惜，怎么办？常有人把这种壶作为橱窗装饰品，也有人在壶里装上土或盛水养花。我就见过有人专门用紫砂壶设计盆景艺术，将花花草草养在紫砂壶里，不仅充分利用了废弃资源，还美化了环境。

紫砂壶可用来熬药，但要注意的是，必须选用耐火烧的紫砂壶。有些紫砂壶，在火上烧容易裂，要小心为上。

紫砂壶用来盛酒。这个做法较为常见，可以微微加热。在拥有紫砂器皿的家庭中，一般都会有紫砂酒具、紫砂咖啡具等日用器物。

紫砂壶用于盛酱油或醋等调味品。这个做法在江南人家的厨房里常见。还有用紫砂壶盛放食盐的。

紫砂壶作为一个容器，肯定还有很多用途。人们的智慧是无限的，大家可以再探索，给日常生活增添乐趣。

蒋蓉制 莲藕酒具

57 紫砂泥料的五个优点

（1）宜茶性。用紫砂泥料制成的壶，胎体具有双气孔结构。用紫砂壶沏泡茶叶，香气、滋味浓郁，比其他茶具更能提升味道，保持茶香味的时间更长。

（2）紫砂泥制器精密。紫砂泥料可塑性强，可以独立成陶。制作精细、精密的茶具，口盖可以做到纹丝不动（位移公差在 0.5 毫米以内）。

（3）具有突出的视觉之美。紫砂泥料具有丰富的肌理，且色彩多样，如咖啡色、米黄色、红色、绿色、灰色等。

（4）适合把玩，可得妙趣。经过长期的泡茶使用及把玩，壶表面会形成温润如玉的包浆，不仅看上去养眼，摸上去还令人心生怡悦。富有古典之美的紫砂壶艺术品，清供案头，还能带给人静气，平缓焦躁，消除烦恼，具有艺术品的抚慰心灵之功效。

（5）情感和文化的载体。紫砂泥料土质细腻，支持多种艺术装饰手法，如陶刻文字图画等。紫砂壶是文化符号，是见证历史之物件，是寄托情感、传播文化之载体。

邹跃君制 延年壶一组

58 紫砂壶的缺点

（1）价格较难把握。外形很相似的壶，从几十元到几千万元都有，令消费者困惑。

（2）相对其他茶具，价格高。这与宜兴紫砂壶产于经济较为发达的江南地区有关，与宜兴紫砂的名气有关。同时，名气就是品牌影响力，品牌即可产生超额利润。另外，经济发达地区的壶商与制壶者，其市场销售能力比商贸欠发达区的强。

（3）紫砂壶是炻器，容易吸收气味。比如，把壶放在木盒子里，经过一段时间，揭开壶盖就能闻到木盒子的气味。泡茶时，就容易吸收茶的香气。

（4）清理茶渣不方便。很多紫砂壶的造型都不利于把茶渣弄出来。虽然有茶筹等茶艺工具，我最喜欢的还是用手指头从壶里面把茶渣掏出来，然后再用热水烫洗茶壶内外。

（5）壶流嘴容易被茶叶堵住。如果你经常使用紫砂壶，就很容易发现这一点。可以用专门的茶滤纸袋，泡完茶，把滤纸袋取出即可。

（6）开水冲泡后，壶烫手。因为烫手，经常有壶友在泡茶的时候不小心磕碰或打碎了壶盖、壶体等，令人懊恼。

（7）紫砂壶表面太滑，若用湿滑的手端拿壶把儿，很容易失手脱落，打碎茶壶。

（8）壶盖多为圆形，容易被碰伤。常见壶盖的边缘处被碰得伤痕累累，壶钮被摔掉的，更是常见了。所以，锔壶手艺就是为了修复残壶而生的。

（9）紫砂壶太脆，不怕压，但怕摔。以前看有卖壶者把壶盖取下，把壶放置在平地上，脚踩壶口，壶能承受全身重量而不碎，卖壶者借此夸赞自己的壶结实。其实这是误导。再结实的壶，遇到坚硬的地面，也会摔碎的，还是小心使用为好。因此，爱壶的你，一定要注意把壶放置在远离顽皮的儿童、穿长大衣的人（很有可能，一转身，大衣的下摆就把你的茶桌横扫了）的地方，最好是泡完茶，就把壶放在相对安全的地方。就像我家里每年都有亲戚带儿童来访，每次他们一来，我要做的第一件事就是把茶桌上的茶具收到书房里去。虽然有时候亲戚会笑话我，但这些工作还是做在前面为好。

（10）紫砂壶怕油。用于泡茶的紫砂壶只能用茶水滋养，茶巾擦拭与茶水滋养是常态，坚持长期这样做壶才能被养得温润可爱。当然，饭店把紫砂壶当作汤具的做法另当别论，注意在这里是作为汤具、食具，而非茶具，两者不可混用。

（11）紫砂壶不能放在微波炉中加热。至今我仍不敢把紫砂壶放进微波炉里面去加热。互联网搜索发现，有不少壶友的壶就是在微波炉里炸裂的。因此，还是小心为妙。再说，微波炉里常加热各种食物，紫砂壶放进去，必定会吸收大量微波炉里的异味。

（12）紫砂壶怕冷热交替。壶遇冷热交替，容易裂。比如，把壶从热水里取出来后，直接用冰冷的水冲洗，很有可能会惊裂。所以，冬天用紫砂壶泡茶，尤其是薄胎的壶和有一定年头的老壶，还是用少量的温水预热后，再温柔地冲泡，以免造成"惊裂"。

59 收藏紫砂壶要注意的问题

（1）高仿的壶，总是很难分辨。对于普通大众而言，两把极其相似的壶，一个为真，另一个为高仿，真是区别不了，非要具备专家的学识和能力不可。当然，对于那种一眼就能看出来的假壶，若还傻傻分不清的话，要么是自欺欺人，要么是心里有难言之隐。在一把壶面前，考量的不仅是学识，还有人性。

汪寅仙制 曲壶

（2）只凭照片难以判断壶的好坏。因此，网上交易，若不见实物，很难判断壶的真伪。尤其是那种工料较好，款式也逼真的高仿壶，想鉴别出真假真是难上加难。

（3）控制购物欲。茶人总是觉得自己缺一把好壶，就像女人总觉得衣橱里少一件衣服一样。痴壶者总是喜新不厌旧。也许你狠下心买一把壶时说，这是我买的最后一把了。可是，当你下次看到其他吸引你的好壶时，就又开始说服自己，想象着这把壶在你手上的感觉和壶上升起茶烟的情景，最终还是按捺不住购买的欲望。

（4）壶的转让很难。紫砂壶是带有些许艺术性的实用物品，就算是二手货，价格仍不低，但喜欢特定的这一把壶的人也不容易找到。所以，增值一说就很难实现了。除非是"名真稀艺"（名人的、真品、存世量少、艺术价值高）的那一类壶。一般实用器，真是不容易转手啊。

（5）高仿壶太多，谨慎购买。常见电商平台上售卖名人款的紫砂壶，尤其是壶底印章不是人名的，那种壶最容易被爱好者买走。有的卖家装不懂，有的是确实不懂，买家综合判断觉得可能是真品，一旦存有此心此念，就会看走眼。比如，"得一日闲为我福"是顾景舟大师紫砂壶用印之一，我看到卖家放在平台上不到两天的壶底有此印章的一把壶，很快被人买走了，但那个印章与真大师的印章相差很多。

（6）收藏经验是一点一点积累而来的。喜爱收藏的人，一般会经历几个阶段：开始时谨慎购买，然后大量滥买，最后减之又减，只留精绝珍品。有的大收藏家最后会把收藏品全部赠送给博物馆，因为在那里，他耗费大量精力收藏的宝贝会得到最好的保护。

60 镴壶和"胀死牛"

壶碎了，磕碰了，都可以用镴的办法修复。镴壶手艺，是一项传统的手工技艺，有的省市还把这种手艺列为非物质文化遗产项目进行保护和传承。具体做法是：把已经破碎了的壶，或裂纹，或残片，用镴钉镴起来，在泡茶时，不用担心漏水，因为长期泡茶，裂缝会被茶渍填满，而壶身的镴钉，也似饱经岁月沧桑的疤痕，给壶增添了古雅之美。

还有人喜欢把完好的壶特意搞碎，也许是一种"疤痕心理"在作怪吧。一般做法是把黄豆放在壶里，浇上水，让豆子在壶里面胀大，从而把壶胀裂。这种定向让壶开裂的技艺俗称"胀死牛"。所谓"胀死牛"，就是让壶"定向开裂"，让壶在特定的位置开裂。具体方法大致是：

镴过的一把石瓢壶

在紫砂壶里填满黄豆，然后放置倒锥，想让壶身在什么地方开裂，倒锥的尖就对准什么位置，然后用黄豆将倒锥埋起来，盖好壶盖，再用麻绳将壶身绑紧、封好，然后顺着壶嘴往壶身内注水，一定时间过后，在倒锥对准的地方，就会出现想要的裂缝。这种定向裂壶的方法看起来简单，但是真正操作起来却并不容易。因为它对壶内的水位、浸泡黄豆的时间、倒锥位置的要求等都非常严格。假如想要一条 10 厘米的裂纹，在做好准备工作后，要至少等 7 个小时。一旦到了时间，听到紫砂壶开裂的细微声音，必须立刻将豆子倒出来，否则时间长了，裂纹长度就很难控制。锔壶艺人在做"胀死牛"之时，常常整晚不合眼地坐在壶边，眼睛一眨都不敢眨，静等裂纹出现。

当然，每把壶都有自己的气韵，裂纹和锔钉不能破坏壶的气韵，应增强壶的气韵，才更令人喜爱有加，这是锔壶的精要所在。而"胀死牛"这一独门手艺，只有联合运用不同造型和材质的锔钉或其他装饰技艺（如金缮、熟刻），才能更加彰显每把壶独特的韵味，做到锦上添花。

61 经"捂灰"处理的紫砂壶

我淘到了一把镶有 6 枚银铜钉的紫砂壶。此壶状若文旦，壶流嘴细而短小，壶身黑中发青，壶身一面铭刻"寒生绿樽上，影入翠屏中"。这是宋代梅尧臣的《县署丛竹》中的诗句；壶身另一面刻有竹枝竹叶，应"翠屏"（青翠的竹丛）之意境。因烧制过程中壶身至壶底出现了裂纹，壶商找当地的锔壶艺人在壶身上锔了 4 枚银钉，在壶底锔了 2 枚银钉。银钉在青黑色的壶身上如银光闪现，有一种沧桑之美。壶底钤印"散人"，询问壶商，说"散人"是宜兴当地一位定制壶的人士，具体姓名不详。壶是制壶工艺美术师翟华烨先生制作的。盖内印记不明显，一枚印章是"胡记"，另一枚辨识不清。此壶因采用了捂灰工艺烧制，壶身呈青黑色。我喜欢对泡茶的壶作内部打磨清理。在打磨清理这把壶的过程中，发现壶内颈部有一圈红色，综合其他信息，我认为这把壶由发红的紫泥制成，经捂灰工艺处理后呈青黑色。

为何要作"捂灰"处理？其初衷是为了遮丑。在早期，紫砂壶窑烧时温度控制不当，容易将壶烧花，即烧成后的紫砂壶表面泥色不匀。制壶者想补救泥色，便对其进行捂灰，烧成后能够统一泥色。"捂灰"具体做法是：将因烧嫩欠火或出现花泥等其他因素导致需要改壶颜色的紫砂壶，放入陶瓷钵头内，再用柴草灰煿好密闭，在1000℃以下的缺氧状态下烧制，即用还原气氛烧制。利用紫砂泥料中含有的主要着色成分铁离子，在一定化合价状态时呈现灰黑色的原理让壶变成灰黑色，从而达到统一壶体颜色的效果。

因经捂灰处理的紫砂壶有一种黑而不墨之美，艺人制壶时便刻意施加此工艺。但在紫砂壶市场上，也存在通过添加化工原料把紫砂壶变成黑色的，俗称化工黑料壶。那如何区别二者呢？主要有两种方法，一是看壶表颜色。正常捂灰的壶（多指紫泥类）烧成后，颜色黑灰透青蓝，以黑灰色调为主；段泥捂灰的壶烧成后，颜色是灰色；红泥捂灰的壶烧成后，颜色是黑灰偏黑色。化工黑料制成的壶是暗黑色。正常捂灰的壶在不同灯光下会呈现不同的光泽，显得很有灵性，化工黑料制成的壶无论在什么灯光下都是一种较为呆滞的黑色。二是看壶的断面。正常捂灰的壶的碎片，不论什么泥种，从断面看都是表面灰黑色，中间仍是原色。而化工黑料制成的壶的碎片，从表面到中间都是黑色的。当然，这是破坏性实验了。作为正常用壶，不妨用砂纸对壶内壁、壶口或壶颈附近的棱线进行打磨，露出的胎体颜色，只要不是黑色的，就可能是经过捂灰的。当然，也应特别注意市场上涂了黑色装饰泥料的壶，磨掉表面的黑色，里面也有可能是红色的胎。紫砂壶万象种种，也正是其趣味所在，真是一壶虽小，壶中水深啊。

这把散发着浓浓文人气息的捂灰壶，我用来沏泡红茶。在寒凉的初冬夜晚，一壶醇香温厚的红茶，可以温暖人心。

62 化工原料的刺鼻

　　紫砂业界研究者有的认为"化料壶"或"化工壶"提法不科学。但是生活中，玩壶和爱壶者似乎已经形成共同的认知，那就是这种壶，是为了染色或提升烧成率而过量添加了化工原料。仅凭感官去判断一把壶有没有添加化工原料或是否过量，实在是无奈之举。从人的趋利避害本能的角度来看，假若器物有明显的令人不愉快的气味，自然会对其产生厌恶之感。

　　我用砂纸对一些颜色鲜艳或极不常见的茶壶的内部进行打磨，磨出细粉末，以鼻嗅之，明显有刺鼻的令人不愉快的气味。添加了化工原料的紫砂壶常见的有蓝色、绿色、粉黄色。网上售卖的此类壶，价格并不便宜，常在300~800元，甚至还有更高者。从食具安全角度，建议大家尽量不要用这种壶来泡茶，可作为室内装饰品。

市场上常见的非原矿紫砂壶

⑥③ 紫砂壶的肌理效果——细滑与粗糙

摩挲紫砂壶，每一种壶带来的感觉都是不一样的。有的极为细滑，似乎稍一失手就会滑落到地上，恐有摔碎之忧；有的非常粗糙，有阻力感，令人联想起抚摸老树皮的沧桑之感。这两种差别极为明显的触觉，都是紫砂壶肌理美学的类型。我们不能片面地判断一把壶的美

鱼籽泥紫泥井栏壶

与不美，应综合考虑壶的设计构思及工艺、肌理、装饰等。养护也是增进紫砂壶美学韵味的重要一步。经长年累月的茶水滋养和茶人呵护的壶，会变得鲜活灵动起来，令人爱不释手。

⑥④ 手汗、气泡与砂壶

有些泥料及做工好的壶，用干净且干燥的手拿起时，会发现壶的表面很快会"出汗"。这算是好料好壶的特征之一。在判断壶的时候，此特征可以作为参考。比如，有些原矿紫泥壶的这一特征就非常明显。

壶在干燥状态下，注入约半壶热水，耳朵靠近壶口时，如果能听到滋滋的吸水声，就说明这种壶的透气性非常好，可以考虑用作冲泡半发酵或全发酵的茶，如岩茶、红茶、熟普洱茶、湖南黑茶等。

把干燥的壶放在锅里，往锅里倒水漫过壶，给锅加热，会发现壶体表面有很多细密的小气泡，这也能说明壶的透气性好，但不能说明这把壶的泥料及烧成恰到好处。有些火候不到位的壶，吸水性也特别好，吸茶香也特别厉害，但土腥味重，甚至还有所谓的"出汗壶"，烧结温度就更不到位了。我一般用这种壶泡普洱茶，可减少普洱茶的仓味。

65 壶表面滑润的触觉之美

我淘到了一把紫砂一厂老茄段壶。壶体扁圆，表面非常细滑，壶盖上的茄子蒂雕刻得饱满生动，蒂之末端为壶钮。这个钮的设计非常妥帖，当你泡茶时，就能感受到那钮上一点点弯曲的奥妙，如此合乎人体工学之设计，令人从心底里佩服此壶设计制作者的用心。而壶体之滑润，宛若肌肤，再配合泡茶出汤后壶体的温度，摩挲之，此滑润之感美妙无言。

紫砂一厂老茄段壶

66 柴烧紫砂壶的思考

柴烧茶器，烧制时温度最高可达 1350℃，是台湾地区林明文先生创造的。紫砂泥料含有铁，假若温度过高就会烧得起泡，甚至炸裂。紫砂泥的烧成温度在 1000~1200℃。柴烧紫砂壶，温度一般控制在 1200~1300℃（不同的泥料，会有不同的温度要求）。使用紫砂泥烧成的壶，胎体密度大，透气性差。胎质密度大的茶器，有利于茶汤散发香气。这两年市场上忽然就多出来了很多柴烧紫砂壶，"柴烧"与"窑变"常一起出现，溢美之词屡见不鲜，所言窑变之惊艳，存世之稀缺，令人觉得你以前所用的紫砂壶都平平无奇。

我的理解是，柴烧紫砂壶是一种玩法，根据自己的需求选购即可。了解茶器与茶汤之间的关系，有针对性地选用不同类型和材质的壶就足够了。紫砂壶传统美学，绝对不会因为一时半会儿对柴烧的追捧而有所动摇。传统紫砂壶的古朴、含蓄、精巧、文雅之美，那种温润的视觉、触觉之美，绝不会因柴烧表面不规则的色块、起泡等而被人们厌倦。

市场上欠火的紫砂壶不少，一把新壶，闻起来有明显的土腥味，胎质疏松，吸水性强，就有可能是欠火的紫砂壶。制壶者刻意降低烧成温度，这样做的目的是提高烧成率，减少损失。而如今，柴烧紫砂壶成为一种时尚（可能是受台湾茶艺及老岩泥柴烧的影响），烧成温度较高的柴

柴烧紫砂壶

烧窑变壶，也许会对烧得生的紫砂壶有一定的影响，这对紫砂壶市场而言，也许是好事。就像流行多年的轻发酵乌龙茶的铁观音，这几年爱茶人换了口味，又开始流行品尝重发酵度的铁观音。这种变化反映了人们思想的变化，同时也说明人们的口味是在不断变化的，不断寻找着茶与器的本真之味。

67 壶把儿有气孔的要注意

有的壶，壶把儿粗壮，但是空心的。制壶者常会在壶把儿的内侧上部开一个极小的圆孔，这是为了在烧制壶的过程中，将空心壶把儿内的空气排出，以免炸裂。把初步修整后的壶放在水中进行开壶，开完壶后，这个空心的壶把儿内会灌满水。要注意将这里的水去除掉，然后才可以晾干保存。我一般喜欢用上下用力甩动的方式去除水，经过甩动，水会从孔眼中渗出。这里的水不容易去除掉。可以甩一会儿后，用餐巾纸擦掉，然后继续甩。或者，放置一天，第二天再甩。甩动的时候，一定要特别注意壶的安全。手要干燥，拿紧壶，甩水的时候，旁边不要有桌椅之类的，以免不小心撞上了，安全第一。

68 修壶时莫湿手持湿壶

在使用新壶或老壶之前，我总是会综合检视且微修一番。比如，把壶内部用砂纸打磨一遍，把出水孔再用细钢丝通一通，等等。在修壶的时候，一定要小心再小心！有条件的话，修壶的工作台上铺上厚实的垫子，这样一来，就算失手滑落，也不至于把壶摔坏。我曾经在厨房的水槽前用潮湿的手拿砂纸在湿润的壶内打磨。在打磨时手不断用力，手上又有水，壶的表面又特别光滑，一不小心，壶从我的手中脱落，砸向台面，成了残壶。那把壶非常厚实，做工精致，拾起后发现壶身裂开了两条细微裂纹，壶身侧部两处磕掉表皮，壶把儿出现裂痕，心痛不已。一把好壶，本想让它更完美些，结果却因不小心而变成了一把残壶。在此提醒同好，修壶时一定要心平气和，不可急躁，尽可能地避免悲剧的发生。

69 养壶的偏执

有人养壶，从来不刷不擦，而是经常用茶汤浇淋壶的表面，长此以往，壶表面竟成了金丝绒状，这也是一种玩壶之乐吧。也有人养壶偏执于一种茶一种水，执着地认为这把壶再也不能泡其他的茶、用其他的水。养了三五年，不喜欢了，还要给这把壶找一个好人家。只因自己付出了多年的心血，

污衣派养的紫砂壶

主观地认为此壶价格很高，想出手，又很难有人接手，因为他不能客观地看待这把壶的价格。这种偏执的养壶用壶态度，强化了对壶的狭隘认识，增加了很多不安定因素。比如，假如他的孩子或朋友不小心损坏了这把壶，那他一定会备受打击，从而影响亲子关系和朋友关系。

在江南六七月的梅雨季节，潮湿的壶容易长霉菌。你只有两三把壶的话倒是还能照顾过来，若是拥有了十几把壶，还是需要把壶好好地收藏起来。考虑到壶容易吸收异味，在干燥的壶里面，放一点经常泡的茶也挺好，不过，要经常拿出来检查一下，防止里面的茶叶发霉了。假若发霉了，可以把壶放到无油的锅里煮一下，煮壶的时候，再放些常泡的茶叶，相当于再开一下壶。这样可以去除霉味，壶又香气依旧了。

养壶，最看重壶的皮壳。宜兴壶的制作工艺中有一道明针工序，就是让壶的表面光润细腻，因此，在养护的过程中，不能用钢丝球、清洁布等过于粗糙、具有破坏力的清洁工具清理，这些工具很容易伤害壶的皮壳。

70 为何会把壶养花了

壶花了的原因一般有以下几点：

（1）开壶没有开好。壶表面上原来的杂质未能清除干净，比如蜡、凡士林或油脂等。开壶时未能完全浸没壶身，造成壶身一半在水里一半不在，留下明显的痕迹。

（2）泡茶时，手上不洁净，尤其是手上有油脂时，会沾染壶表面。

（3）壶承中的水太多，壶底及下半身常浸在茶汤中，造成壶身上有明显的茶痕迹。

（4）泥料本来就不均，壶在烧成时有窑变，这也会带来壶花了的视觉感受。

（5）泥料不均或烧得欠火候，用红茶开壶后，壶身上有的就出现明显的黑斑花泥现象。

（6）长期用嘴巴吮吸壶嘴饮茶，会造成壶嘴处有明显的黄白色附着物，很不美观。假如自己有这个习惯，应注意每次喝完茶及时清理。

（7）经常用茶汤浇淋壶的表面，未能及时擦拭。

（8）倾倒茶汤时，残留的茶汤顺着壶嘴流下，未能及时擦拭，长期就会形成明显的茶汤痕迹，俗称"鼻涕痕"。

（9）有的壶本身造型复杂，在使用及养护过程中，细微之处未能擦拭，积攒了灰尘等，也会给人有壶花了的感觉。

71 爱壶，从尊重开始

不要玩弄你的壶。因为，壶在很多爱壶者的心中具有至高无上的地位。我一直把壶作为一个最佳的修身之器。当你用心地对待一壶茶沏泡与品饮的过程时，泡出来的茶汤也会与你慌乱急迫时泡出来的茶汤不同。

我们在市场上常常能看到，为了吸引人们的注意力，不少卖壶者把紫砂壶当作"杂技演员"，表演各种紫砂壶之能事，令人为之目迷。比如，水上漂——强

倒立的紫砂壶

壶嘴举起壶盖

调了壶全身重量分布均匀，可以漂在水上；盖嘴倒立——紫砂壶盖钮放在壶嘴上能站得住，而不落下；不落盖——把壶中盛满水，用餐巾纸之类的把壶盖的气孔堵住，翻转壶，壶底朝天，而壶盖不落；能擦着火——用火柴往壶身上划擦，火柴被点燃了；能站人——人站在壶口上，壶没碎；敲击叮当响——用壶盖敲击壶身，叮当作响。凡此种种，都像是在杂要，把壶戏谑一番，吸引了外行。

当你真正爱上紫砂壶，你不会把这种杂要当作壶的趣味。希望紫砂壶能成为每一位爱茶人士的修身之器。

72 夏天适合测壶的保质能力

痴迷饮茶的朋友，在不知不觉中已经拥有了数十把甚至数百把紫砂壶。而凭经验和感觉购买的壶，总是会让人怀疑壶泥料的安全性。2017 年，江南天气十分炎热，气温超过 40℃，暑热难耐。于是，我把一些壶取出来，在相同条件下进行存放茶汤测试。在测试之前，要确保壶没有异味，这样测试的结果才能相对准确。经存放新鲜白茶茶汤测试，发现我拥有的大部分壶都可以保持茶汤 3 天以上不发馊，但也有几把普通商品壶保质能力明显不行。在最炎热的夏天，简单测试一下茶具保持茶汤质量的能力，简单易行，大家不妨试试。

73 紫砂陶强大的气味吸附力

茶友转让了一块崖柏木板给我，告诉我可用作茶具垫。这个木板厚实，且香气浓郁。刚入手总是觉得新鲜，遂放在茶台上来承载公道杯。我常用的一个公道杯是玻璃的，盛了热茶汤的公道杯把崖柏的香气也激发出来了，别有一番滋味。到了冬天我常饮红茶，用宜兴小紫砂品茗杯，甜香宜人。有一次，我随手把紫砂品茗杯放在了崖柏木板上，第二天，再盛放滚热的红茶汤时，发现滋味全变了，茶汤里混杂了崖柏的气味。原来是紫砂杯从杯底竟然也能吸附崖柏木头的气味。如此，我对紫砂茶器的气味吸附力又有了新的认识。于是，我把崖柏放到了书桌上，还是让崖柏的香气伴着书香为好。

74 一把紫泥石瓢壶

一把紫泥石瓢壶，做工良好，但揭开壶盖一闻，刺鼻的陶土气味异常明显。细看土质，感觉胎土较细，烧成稍欠火候。用红茶开壶后，趁热可以闻到壶中有红茶香气。但待壶冷却了，仍异味明显。我与售壶者交流，他告诉我，这把石瓢壶是刚开店时就进的货，已经在店里放了3年了，壶一直放在用油漆漆过的柜子里。这么一说，我觉得壶一定是吸收了3年的油漆气味了，加上稍欠火候，胎体更容易吸收异味，故异味较重。于是，我继续试验，用红茶多次开壶，每开一次壶，去除茶渣，清理干净后，晾干几天，再用红茶开壶，如此这般，大概开了十次壶，再嗅壶时，终于没有了那种刺鼻的气味了。

这样的经历使我感受到，紫砂壶的使用环境非常重要，即使是在茶桌、茶台上使用，也应注意环境对紫砂壶的影响。空气的质量和飘散在空气中的气味也会影响到紫砂壶。那持壶泡茶的手当然也会对壶有影响了，干净而无味的手是泡茶时必备的。

75 紫砂茶器要连续不断地使用

紫砂材质的茶器，长期使用不仅会有富有光泽的包浆，每次泡茶或盛茶汤后，还能留下些许茶香。经验表明，经常使用的紫砂壶或紫砂公道杯、紫

砂品茗杯，都会吸附茶香，与新壶或新杯相比，茶香明显。新壶或新杯很容易吸附茶香。老壶或老杯似乎吸饱了，不会那么容易吸附茶香。而且，非常明显的是，对于半发酵或全发酵的茶，紫砂茶具泡出来的茶汤具有明显的甜、软、滑的感觉。对于古董的老壶而言，软化茶汤的感觉亦是十分明显。

假如一段时间不用，一定要注意把紫砂壶或杯子晾透，也可以放一些经常沏泡或品饮的干茶在其中，再收纳保存。保存的环境很重要，不要让干燥的壶吸附博古架或储藏箱子的味道，多想点办法，让壶与异味隔绝。

76 江南梅雨天气对壶的影响

南方与北方相比，空气湿度大，尤其是在六七月的黄梅天，很多物品都容易发霉长毛。不经意中，我发现被太阳晒过的壶，也容易吸收水汽。我在书桌上放置了几把不常用的壶，壶内用便签纸写上了壶的相关制作者的信息，在连绵的阴雨天，打开壶竟然发现有的纸条已经长了绿霉。观察了一下，发现半手（模具辅助成型的）、烧制火候稍欠、明针工序做得稍差的，壶内湿度大，纸条霉变的概率比较大。

由此，我们也可以推知，市场上有不少紫砂茶叶罐是不适合储存茶叶的。空气潮湿的季节里，紫砂罐里存放的茶叶很容易霉变。当然，假如紫砂罐里的茶叶还被包裹在厚实的铝塑包装袋里，那就另当别论了。

77 读壶遐思："外类紫玉，内如碧云"之意

爱茶之人，常有多个紫砂壶相伴。痴迷于茶世界，自然会对古代茶文献有所涉猎。明代闻龙先生，于1610年前撰写《茶笺》，该书约千字，分为

十则，根据亲身经验，论述了茶的采制、收藏、用水、茶具及烹饮等。

《茶笺》中有一段记载明代制炉名家周文甫以供春壶殉葬的逸事："东坡云：'蔡君谟嗜茶，老病不能饮，日烹而玩之。可发来者之一笑也。'孰知千载之下有同病焉。余尝有诗云：'年老耽弥甚，脾寒量不胜。'去烹而玩之者，几希矣。因忆老友周文甫，自少至老，茗碗薰炉，无时暂废。饮茶日有定期：旦明、晏食、禺中、哺时、下春、黄昏，凡六举。而客至烹点，不与焉。寿八十五无疾而卒。非宿植清福，乌能毕世安享？视好而不能饮者，所得不既多乎？尝畜一龚（供）春壶，摩挲宝爱，不啻掌珠，用之既久，外类紫玉，内如碧云，真奇物也。后以殉葬。"

这段话是说他曾经拥有一把供春紫砂壶，因长久摩挲把玩，壶身外部色泽如温润的紫玉，内部色如碧云，故将其视为奇妙之物，后来周文甫把此壶作为陪葬品。有学者认为，"外类紫玉，内如碧云"说明紫砂壶内部进行了施釉处理。从目前紫砂工艺历史研究看，紫砂与釉彩的结合，大约在清代中期出现。明代有没有在紫砂壶内壁装饰白釉的工艺？或者说，是否有必要？目前尚未有人以严谨的学术文献或实物证实。在这里，我仅以个人品茶经验来臆测一下，仅供参考。

爱茶之人，对泡茶用水及器物选择都较为讲究。一般以软水为上，选择山泉，也会选择水质较软的山泉。但生活中人们接触的水多为硬水，软水较少见。故用井水或矿物质丰富的山泉水泡茶比较常见。我接触过一些长期用较硬的井水或泉水泡过茶的紫砂壶，壶内壁颜色白中发淡绿，但绝不是发霉了。在内壁颜色发白绿的紫砂壶中注入开水后，会发现壶内壁颜色与紫砂壶本来的颜色一样了。但当壶干燥之后，又会发白绿色。这是什么原因呢？我试着用84消毒液浸泡过，但没有清除壶内壁上白绿色的物质。用砂纸稍微打磨，才可以去除。但内壁的拐角处、印章内部等较难触碰到的地方很难清除掉。我猜测它是水中的钙镁离子与茶垢的混合物，由于长年累月的使用而沉积于壶内壁。

我个人泡茶，喜欢用纯净水，而且，每次泡完茶都会把茶渣清理干净。

高庄设计、顾景舟制 提璧壶

因此，我的紫砂壶内壁都是非常干净的，即使有茶垢，也只是淡淡的褐色，不是白绿色。我想，明人闻龙先生所述的"外类紫玉，内如碧云"极有可能是泡茶用水中的矿物元素混合茶中物质所导致的，并非是涂的釉彩。

78 人名与壶名

大师壶，是指具有大师称号的艺师制作的紫砂壶。供春壶，创制者供春（待考）；思亭壶，创制者陆思亭；君德壶，创制者张君德；孟臣壶，创制者惠孟臣；逸公壶，创制者惠逸公；大彬壶，创制者时大彬；曼生壶，设计者陈曼生；大亨壶，创制者邵大亨；汉棠壶，创制者徐汉棠；尧臣壶，创制者吕尧臣；鼎朴壶，陶刻装饰者孙鼎朴。

79 看壶说话

看一把壶好与不好的时候，首先，要心平气和，提醒自己不要受预期心理的影响，应以从容冷静的态度看壶。其次，重视第一眼的感觉，这个与你的美学素养密切相关。双眼与壶相平，放在桌子上从稍远处观看整体的线条、气质。然后，把壶拿在手上，看壶底是不是平整，看各个部件的细节特点，看泥料。打开盖子，闻闻壶的气味。用手晃一晃口盖，堵住气孔，从壶嘴吹气，判断口盖的密合度。看装饰的内容（如刻字或绘画）喜不喜欢以及工艺的综合情况。端拿壶把儿，感觉一下顺手不顺手，轻重喜欢不喜欢。再次，进行试水试验，看出水和断水是否顺畅。最后，看下印章情况，判断印章的真伪，以及用印的美学水平。另外，还要跳出眼前的壶思考一下这把壶是摹古之作，还是创新作品；是作者原创的，还是抄袭现代艺师的。结合这几点总体把握一下，是不是喜欢这一把壶。至于壶的价格，就看你讨价还价的能力和购壶的诚意了。当然，可以通过多种渠道，判断这类壶的价格情况。请到一把壶的时机，是非常微妙的。壶在那一刻打动了你，让你下了决心购买它，它就成为你的啦！

80 鉴壶九难

一难，难在鉴壶需要一定的个人美学修养。它不能一蹴而就，而是需要长期熏陶，从理论与实践上综合提升。多看好东西，触类旁通，保持开放学习的心态，个人美学修养就能慢慢提升。

二难，难在对眼前这个特定物的细节判断。看各个部件是否完整无缺，是否有裂缝、崩砂，施加的装饰是否恰到好处。有的壶壶盖和壶体严丝合缝，但明针工艺做得很差，整体看壶，能明显感觉到是粗品，现代茶壶市场上这种壶很多，会让初识壶者难以判断优劣。

三难，难在对泥料的判断。制作紫砂壶的原料取自紫砂矿土，紫砂矿土经过一系列的工序之后成为制壶的原料。但由于各种原因，市场上出现了用各种各样的原料制成的紫砂壶，如原矿壶、添加了化工原料的"化料壶"、劣质泥壶、本山料壶（宜兴本地紫砂矿）、外山料壶（宜兴之外的泥料壶）等。不同原料制备的壶，再加上不同的烧成工艺，即使是同样的泥料，制作出来的壶的颜色和质感都不相同。有些卖壶者还对紫砂壶进一步"化妆"，如抛光、打蜡、做旧等，一把壶的真实情况就变得扑朔迷离了起来。

四难，难在判断老壶还是新壶。有些新制的壶，泥料、工艺都仿老壶，再加上对新壶做旧，判断新老壶就更难了。

五难，难在难断制壶者。用现代的科技来仿壶上的印章，技术上已经不存在难度了。现代很多工艺师为自己的作品建立了数据库，运用各种防伪手段来保障自己和消费者的利益。但市场上真实存在的情况是，因为其他制壶者仿制名人作品，所以有些工艺师也开始自己造假（所谓的代工壶，就是请别人制壶，然后钤上自己的印章）。对于一些有年代的壶，要想判断真伪，那就更难了。除了历史上仿制的古壶外，还有现代人臆造的古壶，不仅臆造印章，还臆造壶型，令人难以判断真伪。

六难，难在紫砂壶行业情况较复杂。一把壶的历史地位如何？眼前你所见到的这把壶的档次如何？这些都需要对紫砂壶的行业情况有一定的了解。尤其是对紫砂文化的历史及行业的发展情况，以及制壶者的艺术水平等都要有一定的了解，才能选购一把合适的好壶。

张正中制 树桩壶

七难，难在对壶的主题及工艺的判断。眼前的这把壶所表达的是什么含义？采用了哪些工艺及装饰技法？成型难度、装饰难度、烧成难度如何？是不是制壶者的代表作？是量产还是极少量复制？这些都很难判断。

八难，难在判断这把壶最适合泡什么茶。泥料、胎质、烧成、器形、大小、新老等都会影响茶汤品质。

九难，难在坚持本心。综合判断眼前这把壶的情况，要有主见，不能人云亦云，要有自己的判断与坚持。尤其是面对自己喜欢的壶，在价格能承受的情况下，要相信自己的判断。

81 鉴赏紫砂壶的思考

眼力是综合素养的体现。判断一把壶的新与老，不能单一地从包浆、胎质、器形、装饰、印章等断定，不能武断地把一把干净整洁的壶直接认定是新品，必须要综合考量。所以，在鉴定一把壶是新壶还是老壶时，也不能想当然地认为，一把老古董应该看起来比较脏或有厚厚的包浆。有些明清时期的老壶经过仔细清理之后，会看起来温润如玉，宛若新壶。

玩壶要能与壶的美学趣味共鸣，也许一把壶的壶把儿歪，壶流也不正，壶的表面起泡且有些许裂纹，甚至析出了黑色铁质，但整体古拙朴趣，能让你感觉愉悦，这样的壶置于案头用来瀹茶，也颇有乐趣。

鉴壶时要把壶放到特定的历史时空去感受壶的气息，将时代风貌与眼前的壶进行综合考量，判断壶的情况。因为从实物商品的角度来看，包浆可以作假，砂料胎质可以仿古，器形肌理可以仿古，烧成效果可以仿古，刻绘装饰等可以仿古，工艺技法也可以仿古。只有多学习特定历史时代的美学风格，才能对眼前器物真假的情况有所判断。

民国时期的摹古之作，从当时的技艺水平来看，已经极其精妙了，以至于今人也会误以为是明清时代的真品。比如，有一次在浙江杭州陈鸣远精品

一把高温烧成壶体表面起泡的当代紫砂大提梁壶

研讨会上，上海博物馆原副馆长汪庆正曾提出鸣远号"鹤峰"，为什么所见鸣远小品却是"鹤邨"之印？蒋蓉大师回应说，"鹤邨"是她伯父蒋燕亭仿鸣远小品之印，现印记被保管在扬州博物馆。这不仅解开了百年之谜，且道出了蒋家仿鸣远小品之艺德的做法，这与当今有人假冒、作伪有根本的德性区别[①]。

近代以来，随着化工业的发展，人们为了改变壶的卖相开始添加化工原料到紫砂矿料之中，烧成后的壶更显得色彩鲜亮，胎质均匀。但作为茶具，安全性有待相关机构予以规范及检测。

紫砂壶因茶而生，发展至今，有明显的多元化艺术发展方向。从作为茶具的角度来看，紫砂壶线条简练，出水流畅，便于清理茶渣，发散茶香。从作为装饰品的角度看，富于变化的壶型设计，使不同的壶能有不同的主题，从而表达不同的思想与追求，也使得当代的紫砂壶艺术呈现出百花齐放、百家争鸣的风貌。

82 视频短片里常见的紫砂壶鉴赏误区

常见网络上有爱壶者拍摄有关鉴赏紫砂壶的短片，宣传紫砂文化、为爱茶爱壶的朋友普及基本紫砂壶知识是善举，但也存在一些值得商榷之处。笔

---

① 时顺华 . 蒋蓉壶艺经典品读 [M]. 北京：中国社会出版社，2006：26.

者曾用各种紫砂壶泡茶，积累了些许经验，但仍认识有限。下面总结了几条紫砂壶鉴赏误区，供读者参考。

（1）视频中，常见在壶上用沸水浇淋紫砂壶，紫砂壶表面蒸汽升腾，渐渐蒸干。这时，人们常会得出两个结论：一是认为这就是真紫砂料的壶；二是认为是非化工料壶。而我认为，蒸汽渐渐蒸干，只能说明壶的表面很干净，没有油脂，壶胎可能较为疏松，可能是真紫砂料壶，也可能是所谓的化工料壶，还有可能是壶烧成的温度不够。

我使用壶的经验：真紫砂料的壶，用久了，壶盖表面沾了油脂，用沸水浇淋，会迅速变干。另外，有些朱泥壶，浇淋沸水也可能有蒸汽升腾的现象。

（2）视频中经常说有刺鼻气味、颜色鲜艳的壶是化工料壶。我认为，刺鼻气味和颜色鲜艳的壶要谨慎对待，是化工料壶的可能性是有的，但也可能不是。烧制火候不到位或用劣质泥制作的壶也常有刺鼻气味或其他气味。

对于壶中的气味，要谨慎对待：有的壶烧制欠火候，胎质较疏松，土腥味会比较重；有的壶使用的是劣质泥，土腥味可能比较重，也可能比较轻；有的壶泥料很好，烧成的温度也够，但由于长时间被放置在有异味的木架或盒子里，壶吸收了异味，比较难以清除。若是老壶或使用过的旧壶，还可能会有铁腥气味、霉湿气味等。

颜色鲜艳的壶，有的泥料好，明针功夫好，可能在没有使用时就光亮鲜艳，要结合平时看壶的经验来判断是否是化工料的壶。尤其是朱泥壶，有的烧成后就非常光亮娇艳。另外，有些化工料壶仅凭肉眼很难判断出来，要谨慎。

（3）用豆腐、甘蔗等开壶。这种开壶法，对一把好壶来说，不会破坏壶，但也不会让壶变好。但对一些劣质泥制成的壶而言，此法可以掩盖其刺鼻的气味，但也不能让劣质壶变成好壶。个人推荐在使用砂纸简单清理壶的内部之后，用沸水、茶叶开壶较好。也有人认为，壶内清理后，不必用茶叶和沸水开壶，直接用沸水冲洗几次即可。我个人喜欢用沸水和茶叶开壶，然后静置一夜，第二天从茶水中捞出茶壶，用清水清洗干净，放到茶桌上用沸水冲洗几次后，再用于泡茶。

（4）通过看内壁章来判断壶的工艺是否是全手工。一般消费者会片面地认为，壶内有内壁章就是手工制壶。而如今在紫砂壶市场上，壶内有专门手工制作的内壁章、壶把儿对应的壶内部有专门做出来的接片痕迹等，这些都会误导人们；同时这种操作可能会使壶体上存在石膏模具印痕，壶把儿和壶流上有哈夫线（模具痕迹，一半一半的模具合在一起去除之后的凸起线条）。另外，还有的壶盖和壶身不全是手工制作，手工壶盖也会盖在有假冒手工印痕的壶身上，误导消费者。个人经验，判断一把壶的好坏，必须要综合判断，不要偏信所谓的手工痕迹，要考虑泥料、烧成、器形、做工、线条、装饰、功能等各方面。

（5）盲目轻信视频资料。不难发现即使是在权威媒体播放的鉴宝、收藏类的节目中，专家也有看错、说错的情况。有些壶经过多年使用，有了岁月的痕迹，判断起来有难度，需要以怀疑的态度综合考虑。

（6）宜兴紫砂矿料稀缺论可以停止了。无论是各制壶艺人囤积的，还是地方政府保护尚未开采的，量都很大，泥料根本不稀缺。售壶者抛出的矿料稀缺论，是为了让消费者感觉眼前的这把壶值得购买，为卖出高价罢了。

83 鉴壶的几个提醒

（1）没有刺鼻气味的壶不一定是好壶。一把泥料较差的新紫砂壶，气味极其刺鼻难闻，然而假若多次用富有香气的茶叶煮，煮之后再取出茶叶擦干、晾干，再用茶水煮，如此反复，经过1~2个月，你再闻壶，几乎无法嗅到这刺鼻的气味了。

（2）用放大镜和强光灯看壶。有制壶艺人表示没有必要，但市场上的壶良莠难辨，用放大镜和强光灯看壶的各个部位，比较容易发现可能存在的瑕疵。假若一把普通商品粗货，在未开壶前壶体表面可能没有明显瑕疵，但经过多次开壶之后，因打泥片的工艺不够，壶的表面可能就会出现细小的孔洞瑕疵，此时用强光照射，可能就会被发现。

（3）一把旧壶因沾染各种东西留下了痕迹，假若工料较好，又仿得真，鉴别真伪就较为困难。特别是人在心情激动时，越看越像真的，看走眼的概率就高了。

（4）鉴壶没有标准。爱壶者总是要追求一把完美无缺的壶，但总是寻觅不到。随着对壶艺理解的不断深入，先前看到的各种说法，都可能会被一一摒弃，渐渐就找到了乐趣并有了自己玩壶的标准。

84 未完成的具轮珠

"近时有一种奇品，邦俗呼曰具轮珠。所谓小圆式、鹅蛋式之类也。形有大小，制有精粗，泥色有朱、有紫、有梨皮。小而精者，曰独茶铫。粗而小者，曰丁稚……而其为器拙而密，朴而雅，流直而快。于注汤，大小适宜有韵致，是所以盛行于世也。顷者京坂好事家渴望心醉，一睹兹壶，津津流涎，争购竞求，不惜百金二百金，必获而后已。至曰非获具轮珠者，难与言茗事……"

——奥玄宝《茗壶图录》

某日，我有缘请到了一把粗糙的具轮珠小品壶。紫泥抟制，有120毫升的容量。其与当代的壶相比，工艺粗糙，壶流、壶把儿连基本的修刮都没有。壶盖内部粗糙，有明显的颗粒。壶体内部也粗糙。壶身一周刻有《心经》草书文字，但看了一圈，只有半部，不完整。壶底有一印章，完整而清晰，图形印，不认识。印章非常像一个人跏趺坐双手结佛印。钤印完整而饱满，整个壶透露着一种未完成的拙趣。

佛印款具轮珠小品壶

佛印款具轮珠小品壶 底款

具轮珠在造型上多呈现出"不对称、不规整、不均齐"的"粗放"特征，工艺上亦多呈现出刻意明接、不事修坯的特点，有意弱化和省略了诸如明针修饰等宜兴传统制壶精加工工艺，具有"去工艺化"倾向，散发出与同时代紫砂制器迥异的"未完成、不完整、非完美、非永存"的审美气息，特别受日本茶道的青睐。

补记：经过多方查证，发现有这种钤印的壶是清末外销到泰国的紫砂壶。这种印款被称为符印款。什么是符印呢？就是由出家的师父用泰文写一些吉祥语或咒语，再把这些吉祥语或咒语刻成印章，送到宜兴，待制作紫砂壶的时候做成印款。信奉佛教者相信，这些具有符印的紫砂壶，冲泡出来的茶是带有法力的，是带有特殊功效的，喝这些茶是可以治病的。结合壶身刻录的佛教《心经》，这把散发着浓郁佛教文化色彩的紫砂壶可作为修心法器，增添茶人感悟佛法的力量。

一壶虽小，烟波浩渺。近年来淘宝店铺上出现了很多外销日本、泰国的紫砂壶，真假难辨，入手需谨慎为妙。

85 底槽青泥

民间对"底槽青"一词的解释是：在深层紫泥矿井中，已经挖到尽头了。这种泥料藏在形如马槽的岩石中，故名底槽青。底槽青泥矿中的青绿斑点与本山绿泥色泽一样。紫泥中闪烁着的黄色，是底槽青特有的色泽。

86 紫泥中的黑星星

老艺人称紫泥中夹杂的黑点为黑星星。星星就是烧结后泥料中的铁质所形成的斑点，这种有黑星星的紫砂壶经过长期使用，会越来越好看，尤其是铁质部分会呈现银白色。

87 娇美的朱泥壶

大多数朱泥壶小巧而娇美，但也容易惊裂，着实不好伺候，在使用时一定要特别小心。朱泥壶由于脆性大，一定要注意防止磕碰，在泡茶时要温柔地对待。这类壶适宜泡发酵度较轻的乌龙茶、细嫩红茶，对茶叶香气的展现特别出色。

乙酉春，我有缘得一把160毫升的朱泥壶，壶上沙砾隐现，且有点点黑色。据制壶者说，此壶为清中期的老朱泥所制，几番泡养，壶表面光亮油润，老味十足。

88 真假难辨的朱泥壶

　　宜兴朱泥壶与潮州朱泥壶不同。潮州朱泥壶多采用手拉坯方式成形，泥料与宜兴朱泥壶也不一样。潮州朱泥壶烧成收缩率在 15% 左右，宜兴朱泥壶的烧成收缩率偏高，在 18%~27%。朱泥壶烧制过程需要谨慎控制，尤其是烧制后期的冷却过程必须十分缓慢，否则非常容易变形、炸裂。朱泥壶烧制的成品率也不高，约 60%，烧成难，器形小，成本高，因此朱泥壶的市场价格较高，造假有了极大的利润空间，作假手法也非常专业。朱泥壶的泥料即使是原矿也有产地的细微差别，成品也有不同的表现（可参阅朱泽伟、沈亚琴著《宜兴紫砂矿料》一书），就算是多年玩壶的资深壶友，有时也难辨真伪。

　　市面上常见的朱泥壶作假方式主要有四种：一是以外山泥冒充宜兴本山泥。用含铁半瓷质陶土作假，如丁山陶工使用最多的就是浙江长兴的嫩红泥，制成的产品往往称用的是赵庄朱泥。二是添加黄色氧化铁粉着色剂。在宜兴丁山周边产的白泥或浅色嫩泥中添加着色剂，烧成后呈朱红色，产品往往称是用黄龙山原矿朱泥或小煤窑朱泥制成的。三是添加

一把朱泥孟臣壶

黄色素（氧化铁黄）以及少量红色素。在宜兴的浅白色的嫩青泥滤浆中添加着色剂，烧成成品呈黄中略带红色，产品往往称是用金黄朱泥或黄金朱泥制成的。四是添加铁黄或铁红等高温色剂。在白色耐火黏土中加高温熔剂钾长石等，烧成后呈红润色，产品往往称是用大红袍朱泥制成的。

现代陶瓷配泥及技术的运用，使得烧成后的假朱泥壶的颜色非常丰富，从淡黄色到深紫色都有，涵盖了真朱泥壶的色彩特征。由于假朱泥壶原料与真朱泥壶原料性质不同，假朱泥壶在泥料成本、烧成成品率等方面远远优于真朱泥壶，且器形可大可小。假朱泥壶感官特征与真朱泥壶极其相似，而消费者辨识能力很低，在朱泥壶市场上，真朱泥壶所占比例没有多少。

在日用陶瓷食具安全性检测中，常规检查的项目是铅镉的溶出量，而假朱泥壶在制作过程中添加的各种添加剂却不在其检测的项目中，食具安全性令人担忧。

假朱泥壶的制成品外观油亮，手感滑腻，脆性大，胎质密度及形状与瓷器相近，与真朱泥壶相比，无真紫砂的温润质感。如果长期使用，假朱泥壶表面还非常容易出现细丝状龟裂等现象，泡出的茶汤容易出现锈油膜，且壶内茶汤夏天变质快，容易变馊。所以，在挑选朱泥壶时一定要谨慎。

89 玻璃相高的小品壶适合泡什么茶

常见一些批评透气性差、玻璃相高的仿朱泥壶的文章，认为此种假冒紫砂壶不益茶，把这种壶贬低得一无是处。我的观点是：在合乎茶具食品安全的条件下，每一件茶具都有属于自己的优点，能够激发出壶内茶叶最美的一面。我有缘在一朋友开的茶庄购买了三只仿冒朱泥小品壶，壶底钤印有：一厂徒工班、顾景舟辅导、中国宜兴印章；70届徒工班、蒋蓉辅导、中国宜兴等。通过网络搜索发现，此类壶是近年来臆造的仿冒朱泥壶。我挑选的三只壶，工艺较精致，玻璃相高，颜色深红，轻敲发出清脆的金属声。有一把有稍微明显的同心环纹，似以手拉坯工艺制作。泥质细，表面光亮似有施釉，装饰以深红色泥绘的花鸟、荷花，文字上以泥绘书写"似玉生无玷，水石琢不成"。

用这样的壶做沸水泡茶试验时发现，壶体极烫手，泡重香气的茶叶时，比紫砂壶香气明显。但出茶汤要快，否则容易出现苦涩味。初步判断，泡不发酵的绿茶、轻发酵度的乌龙茶、全发酵的细嫩红茶效果较好，出汤后，要注意揭开壶盖散热，以免把茶叶焖烂。

此类仿冒朱泥的小品壶与玻璃壶胎质相似，不透气，每次泡完茶清洗之后，不残留茶味。

也许有人认为，对于仿冒的茶器就应该像砸假古董一样，消灭它。但我认为作为一个茶文化爱好者，不毁茶器是最基本的素质。在紫砂茶具的发展史上，后人追慕前人而仿制、同代人仿冒、徒弟仿师傅，都是真实存在的。茶器是一个工具，是工具就具有两面性，有人会以此行善，有人会以此作恶。所以面对复杂的茶器市场时，要调整好心态。

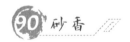

我有缘购得一传统壶式的葫芦小壶，陈俊全手工抟制，壶肩一圈镌刻"看壶如观园中花，随意不须问主人"，落款"俊石书铭，张"。书体为行书，金石味颇浓。面对新壶，我有个习惯，在开壶启用前，用细砂纸打磨清理一下内部，让壶的内部更加光滑。如此而作，清理茶渣或茶垢会更加方便。

此葫芦小壶的泥料为段泥，泥色并不均匀，色如浅咖啡，古拙中带有一点文雅之巧。小心地打磨之后，用清水冲洗壶之内外。用茶巾擦拭干净，嗅壶内气味，可以闻到一股淡淡的陶土味，能感觉到陶土之特殊香气。我打磨过化料壶的内壁，打磨后所散发出来的气味有明显的刺鼻感，与这种纯料壶明显不同。而且，这种我姑且称为"香砂"的气味，随着开壶之后的几次泡茶使用慢慢消失了。假如还有类似的陶土腥味，只能说那把壶烧制欠火候，或者是添加剂加多了。当然，对于那种添加了无气味或气味不明显添加剂的壶，就无从判断了。

陈俊制 段泥小葫芦壶

此葫芦小壶，腹大口小，在初秋的清凉日子里，我准备用来泡滇红，真是应了"壶润茶香"之语。可以想见，日后这把古朴文雅的小葫芦壶，经滇红的滋养浸润，会变得更加温润可人。

91 接纳器物的不完美

最近一年来我失手打残了两件茶具。打残的那一刻，内心的懊恼与伤心，最终还是被现实和理性战胜了，决定接纳它们的不完美。对于壶上的一些小残缺，我喜欢用砂纸去打磨，使之与其他部位有一个过渡。用砂纸打磨后，断面会平滑些，但毕竟是磕掉了一块，伤口还是非常明显。然而，这些残缺并没有影响所泡茶汤的质量。

面对这些不完美的器物，我反而更注意平时使用壶具的一些方法及习惯了。比如，有一把壶的止口（亦称子口）被碰坏之后，我换掉了白瓷小壶承，因为瓷壶承较坚硬，盖子掉落到壶承上易受损；手取壶时，确保手是温暖而不僵硬的，以免僵硬的手指遇到光润的砂壶而不稳；等等。有些壶，残了先收起来，准备日后找镴壶的艺匠修补后再启用。而遇到无法接纳壶上一

点点残缺的完美主义者，我还会根据情况，收留一些残壶，毕竟那些茶壶还能充分激发茶叶的美味。接纳器物的不完美，如同接纳不完美的自我。

92 缺盖的紫砂壶

我收留了一些缺盖的紫砂壶。这些缺盖的紫砂壶完全可以当作公道杯用，继续发挥茶器的功能。有些茶友，无法容忍自己所拥有的紫砂壶上的一丁点儿瑕疵，假如有残，必离开眼目，越远越好，不然越看越闹心。

当然，缺盖的紫砂壶若作公道杯用，最好选择那些出水流畅、倾倒茶汤断水干脆利落、不流涎水的壶，这样在给茶友分汤品茗时，茶汤才不会洒落到杯外。盛放茶汤时，建议尽量盛放相近茶类的，以防串味。讲究的，可以一把紫砂壶只盛放一种茶的茶汤；次之，可以按照不发酵茶、半发酵茶、发酵茶、黑茶及花茶等分别选用不同紫砂壶盛放。

缺盖的紫砂壶另作他用也可以，如笔筒、花盆之类的，还能够增添生活的情趣。

当然，若继续作茶具的话，委托做壶的工艺师再配泥制盖，也就又成为一把完整的壶了。但相对来说，给现有的壶配盖，是一件极具挑战的事情，成本会比较高。

最令人愉悦的可能是，缺盖的壶恰好遇到了合适的壶盖，搭在一起使用，也能成就一段壶与盖的偶遇佳话。

93 且留残缺

在使用壶的过程中，由于各种原因把壶盖或壶口碰出了细小的缺口，但盖上壶盖，从外面看不出其有残缺之处。针对这种壶，我的做法是，不包金银，不用金缮修复，只用砂纸在残缺处打磨，让残缺处的线条过渡得柔和一些，断面更平滑一些，以这样的方式去包容这一把不完美的壶。当然，从价值的角度来看，这把被碰残了的壶没有以前值钱了。但是，假若是你用得顺手又心爱的壶，还会在意它值钱不值钱吗？这个世界只有你喜欢的和不喜欢的东西，没有什么值不值钱。

以包容的心态去面对已经残缺了的壶，你会发现，你的脾气小了，心量大了，变得更容易接纳世间的无奈与不完美。

94 什么是紫砂大师

手上有绝活，技艺有传承，德艺双馨，即是大师。郑祎先生整理的"中国陶瓷艺术领域大师主办名录一览表"，表中所罗列的大师名称有：中国工艺美术大师、中国陶瓷艺术大师、中国古陶瓷工艺美术大师、中国陶瓷设计艺术大师、中国传统工艺大师（中国陶瓷工艺大师、中国钧瓷工艺大师）、中国民间工艺美术大师、中国手工艺术大师、国家级非物质文化遗产代表性传承人、中华传统工艺大师、亚太地区手工艺大师、中国国际工艺美术大师、世界陶瓷艺术大师。

"大师"名头如此之多，行外人士常常不知哪一个才是名副其实的大师。当然，也有一些胆大之徒，自称"大师"招摇撞骗。好在如今互联网普及程度较高，以大师名头诈骗已经不是那么容易了。

95 享有，不仅仅要拥有

有朋友拿来一把壶，问我这把壶值不值钱？她的意思是，若是值钱就收好，以免在日常使用中打碎了。我看了看她拿来的那把壶，一把粗货，壶上的印章人名也告诉她了。她连连致谢，说她连壶底的篆字也不认识。我对她说，壶若是值钱，更应该使用，这样才能享受到以壶泡茶的乐趣啊。我还遇到过一个朋友转让紫砂壶，那是她先生获得的礼品，她认为这么贵重的壶，自己目前不配使用，当然，话语中也能感受到她对未来生活的向往与期待。还有一个朋友，淘得一把残壶，喜欢了几年之后，要转掉。我问他为啥不留着啊？他说，他现在只配用塑料杯喝喝茶了，那把壶不喜欢了。从这几个朋友对壶的态度，我感觉到他们似乎对自己不够好，不会享受。在日常生活中，让美好的器物与美味的茶汤滋养自己，多惬意。

96 周末淘宝，价有升降

我在不断地搜索茶器的过程中，发现了一个商家营销的小窍门：大多数商家利用周末大多数人赋闲在家的时机，把价格提高一倍，然后再在数字上打一个横杠，把价格变为一半。这种做法让欲购买者觉得商家是半价出售，性价比高，值得购买。但当你买了之后，临到周一再看看这家店，就会发现半价才是常态。当然，购买器物，我们心里觉得值就行。毕竟一个小器物要经过长途跋涉才能到我们手中，物流也是有成本的。买来后感觉满意才是硬道理。

97 淘壶趣

我喜欢淘壶，从各种市场中淘来了各种各样的壶。在淘壶的过程中，有所体会，有点感想。我认为一个人购买了一把壶，一定是当时被壶的某个特点所吸引，非要它不可而决定拿下的。购买时可能考虑的因素有：购买渠道是否靠谱、壶的品相如何、是新壶还是老壶、壶的制作者是谁、是残缺还是完整及其他地方此类壶的价格等。

另外，我觉得买壶后的心态也很重要。比如，我曾在一个网上古董店购买一个仿鼓壶，看图片感觉有些老味，然后研究其壶上所镌刻的铭文，未能发现是谁的诗句。但品读之后，感觉非常有意境，非一般人所能写出。于是进一步分析泥料，我发现这种泥料以前在一张《听茶》CD封面上见过，俗称桂花段，整个壶颇有玉成窑之风格。遂谈价钱，最后以标价的一半拿下。快递到手之后，细细观之，壶的工料俱佳，品相甚为满意。

过了将近一周，在某个网店上又发现类似风格的壶，但器形不一样，底款是"浙宁玉成窑"，是仿古之作。店家刚玩壶，特意说是从宜兴进的货，是20世纪90年代的台湾回流壶。我又一次心动，最后以购买上把壶的一半价格拿下此壶，到手后，发现壶盖有点小瑕疵，但总体还是可以接受的。在第二次购买的过程中，通过分析店家透露的信息，我估计他多赚了我至少100元。于是用手机在网上搜索，竟然搜到了他的货源（我猜测），但奇怪的是，我用电脑搜，竟然没有搜到这家店。于是又购买了一把。宜兴离无锡很近，一天之内就到货了。拿到了壶，与第一把壶对比，发现几乎是一个批次的。从价格上看，这把壶的价格只有第一把壶的三分之一。

你可能会觉得，我买的前面两把岂不吃了大亏？但我不这样认为。我认为这三次的购物是相互关联的，没有前面两次的购买，以及分析和琢磨的过程，后面第三次的购买基本不可能成功。而在第三次购买之后，我又购买了喜欢的其他几个壶型，感受到了以不同壶型泡茶的乐趣。

当然，也许很多高手玩家不屑一顾，但壶之为用，工料俱佳，一样可以泡茶怡情。我以"茶艺用壶"为挑选购买壶的主要原则，有意识地购买一些泥料与器形不同的壶，这样可以领略不同壶所激发出的茶汤滋味。

不指望日后壶能升值，它只是我的一个又一个泡茶品茗的茶具。

98 淘壶提醒

假款也可能做得非常有金石趣味，但一定要提醒自己，只要有一个地方感觉不对，这把壶很可能就是假壶。

见到壶莫过于激动，太激动，情感发挥的作用远大于理智，很容易冲动购物。尤其是平时购物容易冲动的朋友，一定要特别注意。

玩壶玩的是乐趣，量入为出，莫有赌徒心态，不然常有悔意。

不要盲目听信转给你壶的人说的话，如"这种壶泥料稀缺，你能再找出一把一样的，我这把白送给你"。不要只为了泥料去买壶，除此之外，工艺、造型、韵味等均要综合考虑，不要过于放大某一个因素。

对壶的不完美之处要有一定的宽容度。苛求全品、完美品，没有必要。包容你所拥有的壶，找出它的优点。

买壶不要买故事。故事往往会很动人，但不要因为故事买壶。

小壶（一般在 100~150 毫升）有小壶的妙趣，大壶（一般在 300 毫升以上）有大壶的乐趣。不要因朋友说"那么小的壶，够几个人喝啊""真小气"之类的话，而动摇了本心。在一人独饮或二人对坐时，泡一小壶茶，香味与滋味定与大壶大不相同。不信，你可以亲自试验。

思

在你用不同的茶试验了各种各样的壶之后，随着经验及阅历的增长，你与壶的缘分会越来越深，第六感会越来越强，你遇到好壶的概率也会越来越大。

保持一颗真诚善良的心，好壶会不远万里来到你的身边。

99 初识紫砂者的偏执狭见

初识紫砂者的偏执狭见是指对紫砂有兴趣，但只了解了一点点，或太轻信某制壶人或壶商，没有以开放的心态不断学习，只是固守一隅，在歧路上越走越远。

（1）固执地认为一把壶上要有五个印章，缺一个都说明这把壶不好。这五个印章分别是壶盖内部两个，壶底一个，壶把儿一个，壶内壁一个。

（2）错误地认为紫砂壶底下有印章的都是那个人制作的，买壶就要问是谁做的壶。岂不知，商号或当代制壶者也走品牌路线。有些人顽固地认为，一把壶上一定可以找到制作者的信息。有这样的想法主要是他们过眼过手的壶太少造成的。我曾见过一把无任何印章的古壶，在拍卖市场上拍价很高。

（3）对紫砂艺人用章不了解。不知道一个艺人可能会有多个名字或多个印章的情况，只记住一个，而否定其他。比如，不知道顾景舟也称"顾景洲"，不清楚壶底钤印如"得一日闲为我福""武陵逸人""自怡轩"等都可能是顾景舟先生的壶。这主要是读紫砂方面的书太少所致。

（4）在古董收藏行当，存有后代仿前代、同时代仿制的现象，即使是仿也分多种情况。所以，初识紫砂者中不乏有很多人会错误地认为仿品都是骗人的，应该销毁。笔者认为，不能一概否定仿品的价值。对于紫砂壶这种食用茶具而言，仿品尤其是仿制古代经典造型的壶，仿的是一种老味。无论怎样，只要是茶具，就仍不失泡茶功能。善意茶人，莫毁茶器。

（5）错误地认为紫砂壶很贵，一把壶至少在一千元以上，也有人错误地认为一把壶也就是三五百元，多花钱买壶都是浪费。从市面上来看，一千元也可能买到劣质泥料做的壶，二三百元也可能买到真紫砂壶。总之，你所看到的壶的价格与实际价值是否匹配，很难说。

（6）盲目追随市场。大红袍、黑朱泥、黑星土、天青泥等稀缺的泥料或者是历史上曾有被追捧过的泥料，初识紫砂者很天真地认为以三五百元的价格都能买得到。

（7）仅凭单反相机拍摄出来的美图就判断壶的优劣。一般受角度、光线、环境的影响，眼睛所看到的美图，具有很大的迷惑性，务必谨慎。

（8）错误地认为壶的价格与壶的大小有关。小壶就应该便宜，大壶就应该贵。当然，特别大的壶和特别小的壶肯定很贵。但实际上普通泡茶用的壶，500毫升的与100毫升的，在价格方面差不了太多。

经典陶坊制 朱泥窑变壶一组（用的同一种泥料，但烧成的方式不同，故成品不同）

（9）错误地认为残壶就应该便宜。高质量的全壶，受损之后，价值也不会降得太低，而是应该根据残损的情况以及可修复性，做综合分析。残壶用锔壶或金缮等方式修补后，仍然可以继续发挥茶具的功用。

（10）盲目听信用豆腐和甘蔗开壶。当然，用这些东西开壶对壶也没什么坏处，但也没什么好处，只是多此一举，这种方法毫无科学根据。只因豆腐和甘蔗有气味，用这些东西开壶可以掩盖劣质壶的刺鼻气味。

（11）买壶时抱着壶要好、价格要低的心态选购。除非你运气好，捡了一点也不懂壶的人的漏，否则是不可能的。

总之，在学习紫砂文化的道路上，只有保持开放的心态，多交流，多学习，多实践，才能不断精进。

100 快递紫砂壶如何包装才安全

壶的所有配件要分别包装。若有空气袋，先用塑料布包裹厚实后装进空气袋，再用塑料布包裹，装进纸箱，这样包装最安全。另外，如果要把壶放进原装盒子里寄走的话，盒子里一定要放满填充物，盒子内部先放一层厚实的衬垫，壶和盖安放好之后，把空隙用缓冲物塞满，确保壶在盒子里位置固定不动。壶嘴、壶把儿与盒子之间一定要有衬垫。盖上盒子之前，再放上一层厚衬垫。然后把盒子用塑料布包裹起来，外面用空气枕包起来，再放入纸箱，会比较安全。总体原则就是：要固定，要有缓冲。尤其是脆性大的朱泥壶、薄胎壶，很容易因震动和局部受力而碎裂。

有一个朋友寄壶给我，他保护壶的方法也非常好。他在一个纸箱子里面塞满了揉皱的报纸，一把小壶被揉皱的报纸包着，也能确保收到的壶完好无损。这种方法比较适用于家庭包装。

易碎品可以保价。我曾经从云南购买了一把壶，店家花了一元钱买了易碎险保价 500 元，拿到手时，发现盒子的外包装没碎（一般物流公司外包装不碎是不赔的），但纸箱里面的泡沫板都碎了，壶在锦缎盒子里，壶的长流断了。经过一番处理，物流公司赔付了卖方 500 元。

最后，要提醒的是，拆快递的时候，要按捺住激动的心情，一定要小心拆开。不仅要防止小刀划伤手指，还要防止拆的时候太暴力，一不小心弄碎了壶。

从环保角度看，过度包装会对环境造成危害。因此，在邮寄紫砂壶的时候，也尽量考虑环保这个因素吧。

101 非艺人品牌壶

近几年，随着茶艺的流行和紫砂艺术的发展，走非艺人个性化的品牌紫砂壶企业依托互联网纷纷成立。该类企业的目标人群主要为青年人。在壶式的设计创意上，企业不仅从传统经典中汲取灵感，还充分考虑了消费者对壶的需求，综合考虑所有因素之后，再设计制造出产品，采取"淘宝网 + 论坛 + 微店 + 实体体验店"的模式售卖。定价一般采取明价的方式，壶的价格都是透明的。结合青年人消费能力及目前物价，一把壶的价格大概在 1000~1800 元。比如，云何茶器、器象等，这些品牌的紫砂企业的淘宝网店具有明显的艺术化特征，不仅意境优雅，还特别注重器物细节的展现，令浏览者产生购买的欲望。

2016 年冬天，我购得一把云何茶器的"坛成"壶，壶不大，240 毫升，段泥，给人第一印象就是精致。壶的内外修刮得非常精细，干干净净，与常见的老紫砂壶粗糙的内壁明显不同。网球出水孔，也非常精细。口盖非常紧密，几乎做到了纹丝不动。提拿倒水，发现出水不是很畅快，也许是设计者希望使用者在泡茶出汤时慢一点，享受悠闲的时光吧。

整体感觉上的精致，令我有些不安起来，因为我对壶有些挑剔，这种精致令我内心有紧张感。也许年轻的朋友会更喜欢一些吧。

吴国祥先生的重霄堂紫砂壶也值得一说。吴先生出版了一本书——《宜兴紫砂通鉴》，构建了他所理解的紫砂理论。他把紫砂泥料进行编号，设计制作了紫砂壶等茶具产品，然后通过电子商务等方式营销，专卖重霄堂品牌的紫砂壶。如此一来，初学者面对非常复杂的紫砂市场，通过重霄堂就可以直接接触到有品牌保障的真紫砂。当然，初学者选择上述的器象、云何茶器等品牌，也有可能是为了规避市场上化工料壶。

非艺人紫砂品牌，历史上就有，如葛德和、艺古斋、利永陶器公司、吴德盛、永安窑、江苏省立陶器工厂、铁画轩、陈鼎和、毛顺兴、宜兴蜀山陶业生产合作社等。这些壶大都无法在壶底或整个壶上找到制作者的名号。这些非艺人紫砂品牌设计出产的紫砂茶具，具有明显的时代特征。相信以后会有更多富有个性化的紫砂茶具诞生，使紫砂艺苑更加多彩动人。

102 好壶怎能到你家

相信"吸引力法则"，相信自己的德行提高了，好宝贝才有可能来到你身旁。要系统学习紫砂壶艺术文化，提高自己的修养，陶冶自己的情操。当你的综合素养提升到一定水平的时候，你才有能力让这些宝贝焕发出其本身应有的光彩，才能与好壶长相伴。

103 壶里水深，谨慎淘壶

眼下制假售假的手段越来越高明了。仿古做旧在古董行当已不是某个时代的个案，几乎有古董就有作假之事。如今，造假者利用现代科技造出的假古董令人难以分辨。

在紫砂壶上，3D 打印技术已经开始探索了。制假者不仅制作假冒名人壶，同时还制作假证书等配套物品。

当代制假仿老壶，如仿"文革"时期、民国时期、清代、明代等的老壶，做出的壶与真壶相似，令初学者无法判断。最可怕的是，用酸腐蚀紫砂壶以做旧，这样的紫砂壶作为茶具使用的话，对消费者的健康危害极大。有壶友就指出，山东某地专门造假古董茶壶，价格便宜又很有古旧的味道，不可不慎。

还有一些定位在普通艺师档次的仿冒壶。仿冒者专门仿冒工艺师、助理工艺师的壶，也有一些是普通艺师自己找工手批量制作的代工壶，这些还不是仿高工的，大都在淘宝店和其他的一些电商平台等以低价起点拍卖等方式售卖，最容易吸引对紫砂壶不了解的消费者购买。因为，这样的壶价格非常便宜，一般在 100~1500 元（当然也有更高者，划定一个价格范围比较困难）。

不要迷信职称壶，宜兴本土有不少没有职称但技艺精湛的制壶艺人，他们做出来的壶，售价也不低。到市场上淘壶，本来就是一种学习。但需要提醒自己，不要误入了圈子，最好有真专家、真收藏家帮助你、指点你。

假冒汪寅仙大师壶

要不断反思自己的淘壶行为，是否狂热了？是否被情绪冲昏了头脑？是否太固执、太相信自己了？是否太喜欢听故事了？想想你圈子里的朋友，他们的人品怎么样？有没有真正的研究者？真正的收藏家？

要抓住各种提高自己眼力的机会。比如，参加拍卖公司拍卖前的预展，参观博物馆里珍藏的古董，听现实生活中及网络中的专业人士的相关专题演讲，与专业制壶者面对面交流，拜访紫砂艺人工作室了解相关情况，看有关收藏、古董、紫砂、艺术美学等方面的图书、杂志等。

104 壶的易碎时刻

南方的冬天，环境湿冷，用冰冷且有点僵硬的手去拿壶，尤其是养护得滑润细腻的小壶，手指很容易捏拿不牢壶钮而摔伤壶盖。

室内温度很低时，刚烧沸的水莫要直接倒在紫砂壶、瓷壶、陶壶或杯中，最好先用少量的温水预热一下茶器，防止因温差大，造成茶壶惊裂。

刚用沸水泡完茶的壶，要小心壶体温度太高烫着手。莫忽视壶体的高温，要防止拿起壶时因太烫，而使壶直接从手中滑落。

壶盖的止口一般比较薄脆，要特别注意，防止磕碰，不然止口很容易被磕掉一块。有的朋友太过于莽撞，壶的止口像被狗啃过似的，缺口多而明显。

茶桌上放置太多的壶，在取拿之间，很容易造成壶体与壶体相碰撞，形成壶体内伤。

茶桌上随手放置了几把壶，壶口大小不一，若有茶友来访泡茶，有可能谈话投机，泡茶时不注意，随手往壶口上放壶盖，造成小壶盖掉落在了大壶内，磕破了小壶盖的止口。

泡完茶清理茶渣的时候，尽量不要用力甩壶，防止手滑甩出去，也防止在甩水的过程中，壶碰撞到水龙头、台面或墙壁。

家里若有猫狗之类的宠物，一定要注意壶的安全，不要把壶放在宠物行走或跳跃的路线上。

家里若有小孩，每次泡完茶，必须把各种茶具收纳好。否则，你回家可能会看到几只残壶，即使竹木茶具也不一定能完好。万一普洱茶刀伤到孩子，就太心疼了。

喝茶时，有很小的小孩或顽皮的小孩在壶附近时，最好的办法就是把壶收起来。如果在场的壶只有一把，就要保证壶不离手，同时注意小孩的安全，防止他们被热水烫伤。

携带茶壶出门时，壶盖和壶体尽量分开放，若不分开，要考虑到壶盖和壶体有可能发生碰撞。易碎物品，要用心爱护。

给陌生的朋友看壶的时候，要特别提醒轻拿轻放，桌子上最好有缓冲的毡子，这样会比较安全些。

105 新壶与旧壶的思考

刚出窑未经下水泡茶的壶应为新壶，沏泡过茶叶的壶可视为旧壶。存放或使用多年的壶为老壶，至于多少年为老，尚未有定论，个人认为一百年以上的可以视为老壶。

（1）购买的新壶在简单清理之后，要先开壶，再泡茶使用。

（2）强烈推荐新壶用茶水开壶。新买的壶，对内部及气孔、口盖与壶口作简单的清理后，用茶水煮沸开壶。这样处理的最大好处是，比较容易发现紫砂壶可能存在的缺陷。有的新壶从窑中取出后，未经任何清洗，壶里面或盖钮处常常存有泥渣、金刚砂等物质。开壶后，被泥渣及金刚砂覆盖的部分就裸露出来了，假若存在裂纹、崩砂等缺陷，就很容易发现。

（3）有的新壶由于隐裂不明显，未经使用时极难发现，但经过一段时间的泡茶使用，隐裂、崩砂等缺陷就会逐渐显露出来。笔者有一把段泥竹节壶，新壶未发现瑕疵，但使用两周后，竟发现壶盖处有一明显裂纹，且呈弧形，似乎壶盖被外力磕碰过。因经常泡轻发酵乌龙茶，裂纹已经变黑，在壶盖上留下了很明显的曲线。壶隐裂常在壶底、壶把儿与壶身结合处、壶钮与壶盖结合处等，无论新壶旧壶，这些部位都要特别仔细观看，最好使用放大镜结合强光观察。

（4）污衣派养壶者或经常往壶身上涂抹茶汤者，使用过的紫砂壶的本来面目很可能会被颜色深重的茶汤遮盖住，尤其是花泥瑕疵。购买旧壶，就有这种风险。

（5）有些旧壶是残壶，曾被拥有者用各种方法修补过，这种旧壶就不适合再作为茶具使用，因为你无法知道修补材料的安全性，但作为把玩和陈设物件还是可以的。

（6）有些旧壶存留有各种痕迹，根据具体情况，考虑是否保留。不需要把旧壶清洗得干干净净，一尘不染。比如，海底沉船出土的壶上有曾经寄生的贝类生物留下的贝壳等，不妨保留下来，可以增添壶的历史感。

（7）那些被鞋油或其他油脂污染过的壶，或者常年在厨房里被存放酱油、食用油的壶，个人认为还是不收藏为好，即使收藏了，也不要再想着用这种壶泡茶了吧，除非对此壶进行窑火回烧。

106 收藏者要保持正确的观念

我曾看过两本公开出版的收藏紫砂壶的图书。翻开图书，令人瞠目结舌。一本定价不菲的书，里面拍的壶几乎全是地摊上那种仿得不能再差的所谓名家的壶。

有些收藏者特别迷恋老壶，口中常说的就是"壶自己会说话""每把壶都有自己的个性"，有时甚至扬言"凭一张壶的图就能判断这壶是几号井

的料""你的壶明显是假冒的",等等,说话的语气极其霸道自负。这种收藏者是最危险的!殊不知,他们以自己读了很多理论或者拥有很多以极低的价格购买来的清代、民国的老壶而建立起来的自信,是经不起岁月的检验的。他们有一套说服自己的理论,对于名不见经传的壶,总是武断地认为它就是那个时代的好壶。殊不知,如今的紫砂市场,是各种仿制品泛滥的市场,有职称的人找代工仿自己的作品,不法商贩各种无底线地仿制,可以说紫砂市场水深火热。

南怀瑾先生曾说,他读古人笔记时,看到明代有一个人对买卖古董的看法,说了特别高明的三句话:"任何一个人,一生只做了三件事,便自去了。自欺、欺人、被人欺,如此而已。"他当时看了,拍案叫绝。岂止是买卖古董之人,即使是古今中外的英雄豪杰,谁又不是如此?

台湾收藏家许宗炜先生谈收藏策略时提到,可买可不买,不要买;可卖可不卖,赶快卖。收藏要有四力:财力,眼力,毅力,魄力。有眼力,才会有勇气,然后才会带来福气。必须坚持以藏养藏,质胜于量,汰弱留强,然后才能以小博大。要买得大痛,将来才会大赚;不痛不痒的东西,将来是不会赚钱的。收藏必须重质胜于重量。否则,散弹打鸟,不可能收到绝品,更成不了格局。成局,就是让藏品形成一个系统,完整地说一则故事。成局的收藏法也会让收藏更有方向。收藏艺术品必须有坚实的策略,否则根本玩不下去。收藏是买自己喜欢的,投资是买别人感兴趣的艺术品。收藏艺术品要根于喜爱,用于研究学习,形于收藏分享,别于不舍,获利于未期而得。收藏发的是耐心财,风雅之事给人幸福感,而这比实质的金钱收藏更可贵。市场好时看市场,市场不好时看艺术,其实也不需要耐心,只需平常心。

要收藏壶,还是先静下心来认认真真地提高自己的美学素养吧,多看好壶,多看好的艺术品,提高自己的眼力,让自己的修养更加深厚,让自己变得更接近真善美,好壶才会来到你的身边。

107 造型奇特的壶适合泡茶吗

曾有机缘遇到了一把"创新"壶，这把壶以眼镜蛇为造型素材，做成了眼镜蛇的模样。夸大而扁扁的蛇头及蛇腹，见到了就有点害怕。从它的嘴部流淌出来的茶汤，会有美味的感觉吗？

个人认为，这种壶还是放在合适的地方作装饰品为好，不推崇作泡茶之具。

眼镜蛇壶

108 性符号与紫砂壶

中国文化较为含蓄内敛，对于裸露身体一事，还是有所顾忌的，尤其是性符号。公开谈论性，也要看场合，看身边的人是谁，不要过于放肆。身体器官及其符号要想体现在紫砂壶上，全看设计制作者的功力。设计制作者若处理得好，就不失为一把好壶；处理得不好，就只能作为秘玩私藏了。历来有一些设计得好的壶，比如西施壶（创意来源于美女西施的乳房，谁是原创者已不可考）、伏羲壶、欢喜心壶（吕尧臣大师设计制作），这些壶无论是公开展示，还是用于泡茶都不会令人尴尬。而那些性内容表达得过于直白的壶，用于泡茶就比较尴尬了，甚至可能还会引起茶友的不适。比如，吕尧臣大师的爱之欲壶、贵妃出浴壶，将女性乳房与臀部设计得较为具象。吴鸣大师设计制作的秘戏图考壶，男女性符号也相对明显。当然，吴大师秘戏图考壶是一个系列，有些造型还是比较抽象内敛的。另外，有些壶直接在壶体上彩绘装饰以春宫图，这样的壶在哪里摆放都应该有所顾忌，用于泡茶还是免了吧。

吴鸣制 秘戏图考壶

109 壶之迷思

每个人在人生的不同阶段，心境都会有所不同。我作为一个平凡的人，在平凡的生活中，能感觉到时光匆匆，人生无常。好壶总会在不经意中来与你相会，你需要珍惜缘分。不要懊恼自己寻觅不到称心如意的壶，假如壶没有到你的手上陪伴着你，说明你还需要进一步修行自我，提高修养。假如一把好壶刚到你的手上，就因某种原因损伤了，说明你和这把壶的缘分还不够。假如壶残了，但还能用，不妨继续把它摆在你的茶台上，经常看看，反思自我，让这一把残壶成为你修养身心的明镜。不要对壶存在贪恋欺骗之心，要坦然地去面对。尤其是当朋友们围坐在一起吃茶聊天时，没有必要谈壶之价格，我们需要享受的是茶味时光，珍惜这一个个欢聚的时刻，让心与心的交流成为"一期一会"的美好念想。在外面世界寻寻觅觅地找茶壶时，不要忘记你所拥有的、曾经念念不忘的壶，它们与你的缘分甚深，当用心呵护为是。

110 涤去繁华，爱上简淡

壶有千万状，痴壶者，痴的就是壶的各种造型、各种装饰、各种美学风格所带来的壶艺之妙。我痴迷壶已有20多年了，好壶自然难觅，再加上囊中羞涩，自然与好壶缘分浅。喜欢饮茶，喜欢壶，进而研究食品文化之博大精深的内涵。在过眼过手各种茶具之后，我发现自己越来越喜欢素朴、古雅、简练的那种风格的壶，而且一旦喜欢上了中华传统文化，就很难从这条文化长河中走出来。那些经典的紫砂壶式和流传下来的中国特有的审美趣味，真是令人感受到了文化传承的魅力。

不要反对今人摹古，因为在摹古中，围绕壶事的人（无论是制壶者，还是玩壶者、售壶者）都能从这紫砂壶的世界中受到文化艺术的滋养，只要你保持一颗开放的心，都能感受到真善美的力量。紫砂壶，有神奇的力量，感动着一个个爱壶爱茶的过客，岁月流转，器物流传，曾经滋养过你的壶，也一定会滋养未来的同好，紫砂壶艺术之美的背后一定是人性之美。

黄芸芸制 龙蛋壶

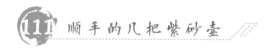

11 顺手的几把紫砂壶

我喜爱紫砂壶已有20多年了，过眼过手的壶有无数把。紫砂壶艺术精品自然少之又少，让喜爱的壶陪伴自己日常生活也需要各种缘分促成。我大概买了数百把壶，几乎每一把都是在当时特定的时空下购买的，那一刻它打动我的也许是造型，也许是泥料，也许是性价比。现在想来，性价比其实最不靠谱。

窑变朱泥壶泡陈年普洱茶

泡茶时，比较顺手的还是以小品壶为多，容量在 100~200 毫升，原矿泥。倾倒茶汤时，单手拇指压盖或食指轻抚壶钮，手掌及手指弯曲自然。我的手比较大，选择一把小壶与自己的手相称，也真是不容易。大壶也有喜欢的，但多在聚会时用，自己一个人或两个人饮茶时用得不多。大壶虽然可以只泡半壶茶，但一般用不太习惯。

我喜欢用紫砂壶泡乌龙茶、红茶或普洱茶，把第一泡洗茶茶汤留在公道杯中，然后在正式冲泡时，把第一泡洗茶汤从壶钮上部浇淋在紫砂壶上，相当于给紫砂壶洗了一个"热水澡"，看着茶汤蒸汽从壶上散发出来，宛若仙人出山，有一种悠然自得之美。而且，鼻子可以嗅到茶汤的淡淡香气，这更增添了对眼前这一壶茶汤美味的期待。

好壶不需要多，有 3~5 把就足够了。一壶泡一茶太累，我一般是一壶泡一类茶或近似滋味的茶。长期冲泡，壶的表面温润若玉，手感厚重，取拿之间有一种郑重的感觉。我还是喜欢那种虽然不大，但手感厚重的壶。太轻飘的壶，拿起来总觉得不踏实。

　　这是我用壶的习惯。

12 别样的花式玩壶法

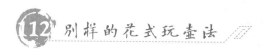

　　见惯了一板一眼、小心轻放的用壶泡茶的茶艺程式，忽然见到了像玩zippo打火机或摇酒器的花式泡茶手法，不禁眼前一亮。"伺壶人"陈旭先生，被人称为"玩壶圣手""花式玩壶第一人"。他手上功夫极其娴熟，甚至蒙上双眼，也能精准点茶。旋转醒茶、关公巡城、韩信点兵，紫砂壶在他的手掌和杯盏间潇洒翻飞，令观者目瞪口呆。出生于福建平潭的陈旭，儿时偶然看到了邮票上的紫砂壶，被其吸引，从此与紫砂壶结缘。9岁时他得到了人生中第一把壶，17岁时已经拥有了上百把壶。工作后，他痴迷于壶，一度拥有了3万把壶。后来，他以称重卖壶的方式，把自己收藏的壶式分享给了爱壶者。这种慢聚快散的感觉，令陈旭倍感人生的奇妙。他痴迷于壶，喜爱极其简练的紫砂壶光器线条。他最常用的一把壶，是一把被称为"关公刀"的段泥光器，壶在他的手上翻转而无脱帽之忧，令人叹服。

　　由陈旭设计制作的一套壶，器形源于传统经典，泡茶、玩壶、养壶兼顾，为花式玩壶泡茶而生。

　　一套三把，分别名为抖抖壶、摇摇壶和甩甩壶，不仅90度倾斜不掉盖，抖、摇、甩也同样安全。"甩甩壶"做主泡，"摇摇壶"做公道杯，"抖抖壶"存头汤，正好对应功夫茶中泡茶的步骤。一道功夫茶，三把壶全用到了，也全养到了。因爱壶而深入紫砂的世界，如今陈旭先生以富有个性的玩壶技法从事紫砂艺术，爱壶、藏壶、玩壶、制壶，宣传紫砂文化，把紫砂壶艺的美传递给更多的朋友。

抖抖壶：饲壶原创 古珠 180 毫升朱泥（可摇、可抖）

摇摇壶：饲壶原创 石瓢 140 毫升紫泥（可摇、可抖）

甩甩壶：饲壶原创 巨轮珠 150 毫升（可摇、可抖、可甩）

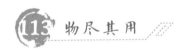

113 物尽其用

　　丙申春，通过互联网淘到了一些茶具。互联网上一些交易平台的商家，很多都不是纯粹的商人，都是平常百姓，如同你我。有的一句问候，几句闲聊，投缘了，竟然将壶几乎白送给你。有的计较起来，只因相差几元而无缘交易。更有甚者，拍下宝贝后，却迟迟不见人，在等候了多日之后，只能无奈地申请退款。有几个卖家令我印象深刻，一个是上海的一位，卖碗泡法茶具，后来以 10 元相送，感谢那位豪爽的汉子。一个是海南的某酒店经理，由于工作太忙，在我拍下来之后，他竟然一直不发货，后来我申请退款时，他发来了短信。看着他真诚的道歉，我还是取消了退款。我拿到茶具后，看到包装仔细的十二个精致的杯子非常满意。还有一个是一位北京的小伙，还是单身汉，有只可爱的猫咪，把石大宇设计的公道杯和两只品茗杯低价转给了我。另外，还有一位湖北的书法篆刻家，不仅卖给了我他的手做物件，还写了书法作品、传统书信给我，让人感觉情谊浓浓。感谢互联网，让我与这些陌生人相遇，让我收集了多种茶具，也感谢家人对我的宽容。

14 关于紫砂壶的念想

（1）一壶可事多茶。初用紫砂壶时，信奉"一壶事一茶"，即一把壶只泡一种茶。经过多年的探索之后，发现自由随意一点，未尝不能泡出好味道。一段时间用一把壶固定泡一种或一类茶，壶对茶汤品质影响不大。但若是今天泡龙井，明天泡普洱的话，影响就非常明显了。

（2）普通"商品壶"会越用越好的错误观念。普通的粗货，长期使用，看起来会好看些，如会增加些许古朴温润的光泽。但普通的粗货，无论怎么用也还是粗货，无法变成艺术品。这种说法可以通过各大拍卖市场的成交状况来验证，如清代的一些粗货，流拍很常见，即使成交了，价格也不高。

静待学生来品茶

（3）每次上紫砂文化教学课，总有学生问同样的一个问题：如何快速掌握鉴赏壶的技巧？我只能说，不能性急！获得鉴赏器物的技能不仅要靠眼看手摸、用壶泡茶的经验积累，还要靠提升自我美学素养，需要知行合一，综合提高鉴赏能力。

（4）曾经在网上遇到一网友，他说他的紫砂壶里永远都存有水。我觉得非常奇怪，问他为什么？他说怕壶因干燥而破裂。不知道他是从哪里看到或听到的这个说法。我只能告诉他，壶在阳光下怎么晒都不会晒裂。后又遇一个网友，她每次泡完茶都把紫砂壶放到水盆里面浸泡，她坚持的观念是：紫砂壶是泥做的，不泡的话会一直有泥土气味。遇到这样坚持自己错误观念的人，还真是难以说服他们。

（5）曾有人说：假的紫砂壶用开水冲泡后，壶体会烫手。某人偏信了此说，摔掉了几把壶。后来，有机会到制壶的工艺师家里做客，待客吃茶时，他斗胆一摸，壶很烫手啊！原来，他摔错了他的真壶。所以，平常多和茶友、壶友交流，避免走入认识误区。

（6）紫砂壶也能泡绿茶的观点是正确的。很多人认为紫砂壶泡红茶好，能养壶，还能沏泡出醇厚香甜的茶汤。但紫砂壶的泥料多样，工艺手法多样，选用薄胎、胎质密度高、壶口大、壶身矮的紫砂壶泡绿茶，也能得到清鲜的茶汤。但总体来看，泡出来的茶汤还是不如使用瓷器或玻璃器泡出来的鲜美。

（7）养得好的壶，不用放茶叶也能泡出茶味的说法是错误的。假若非要坚持这种说法，不妨找一把这样的壶，亲自泡出茶味来给大家品品。

紫砂壶泡的安吉白茶

（8）盲目追求古今名家制作的壶容易走火入魔。曾在网上见过一把壶，壶体表面沙砾粗大如房屋水泥外墙，底款为"时大彬制"，这样的壶，你相信是真名家的吗？千万不要被媒体的某些文章误导，说谁谁在哪里捡到了一个漏。总认为"那万一是真的呢"，就怕这"万一"，千万不要被"万一"所迷而收藏了一堆劣质壶。

（9）垃圾壶放一百年还是垃圾壶。尽量挑点好壶玩玩。藏普洱茶也是，只有好茶，加上储藏得好且久，才有可能品尝到好的老茶。

（10）若不以收藏为目的，选泡茶的壶，不妨先考虑泥料、工艺和造型，再考虑胎质密度、厚薄、容量大小、宜茶性、清理茶渣是否方便等，至于壶底的印章，尽量不要太在意吧。

（11）紫砂壶水深，玩壶的乐趣就在于其中。器物承载了人心欲念，人性有多复杂，器物就有多复杂。

（12）无论壶痴还是茶痴，常常总是感慨：手上没有一把特别称心的好壶。所以，这些人永远在寻找人与器物的缘分！

（13）多年未见的学生，于茶与茶器方面创业小有所成。览其所拥有的茶器，发现她最爱的还是她当初创业时的那两把壶。于是，我特请忘年交给其题字"不忘初心"以勉励。

（14）长期喝普洱等老茶者，不妨改变一下，品尝下绿茶、红茶等其他茶，也许能改变一些长期存在的对滋味和香气的主观认识。这样，就不会再被先前的主观认识和自我标准所迷惑。

（15）看起来光泽温润、做工上好的新壶，也许一冲热水，就会有刺鼻的气味。不谈烧成问题，至少这新壶的泥料不会好到哪里去。

（16）购买了一些高工的壶，发现有些艺师早期做的壶还是不错的，但也有一些壶的某些部位做得很粗糙，如壶流嘴内部出水孔、壶盖气孔、壶口与壶颈肩等。为什么就不能多花点功夫，再精益求精一些呢？当然，也许是某些高工放松了要求，大量代工，最后藏家都不清楚收藏的到底是枪手壶，还是原作壶了。

（17）有些拍卖市场上的名家紫砂壶（当代的真品），拿在手上仔细观看，发现有裂纹和裂缝。第一次见时，非常惊讶！觉得这些大名家制作的壶，有这么明显的缺陷，藏家为何仍然要花上数十万元或百万元抢拍呢？我的体会是，有的壶是在特殊的历史时期、特殊的阶段制成的，没有被制作者损坏而保留了下来。有的壶确实是有明显的缺陷，但缺陷较小，烧成后没有舍得销毁。所以，名家高手的壶，也要视情况而定，不能一概而论。

（18）有些新壶用开水浇淋，嗅其内部，毫无异味，日后泡茶亦能发现器物宜茶之美。有些新壶用开水浇淋之后，气味刺鼻难闻，但用茶叶开壶之后，气味极小，再反复以茶水滋养，土腥味即消失。而有些新壶，停用一段时间后，再用其泡茶，刺鼻气味又出现，这样的壶可以断定是胎土不好或烧成火候不到位。还有些新壶有很奇怪的香味，很有可能是制泥者为掩盖刺鼻气味而添加了香料物质。但作为消费者购壶，这种壶的状况是不可能在壶店里一眼就能看出来的。所以，要不断提高眼力，从壶的多方面判断，找到诚信的商家或制壶者，是寻觅到爱壶的捷径。壶里乾坤大，必须要不断学习才行。

（19）在一把壶成为自己的泡茶之器前，我喜欢先二次改造一下。对口盖稍作打磨，内部用细砂纸打磨平滑，壶盖气孔再通一通，使之泡茶出水更顺畅。但要特别注意的是，壶的外部千万不要用砂纸打磨，否则这层光润若玉的"皮壳"将因打磨而失色，无法感受到紫砂壶的触觉之妙和视觉之美。

（20）有些直流嘴及向上伸展的壶，用作泡茶，出水流涎难以避免。这种壶不妨用作公道壶（盛泡好的茶汤），也可作个人直吸啜饮之器，一人独处饮茶时用。

（21）每次看到曼生葫芦壶，我总能想起大力水手波派（波佩、波比或普派，Popeye the Sailor，创造人是美国连环漫画家 E.C. 西格），他叼着烟斗的样子与葫芦壶形似。曼生葫芦壶向前伸展的壶流嘴很像烟斗，饶有趣味。

（22）原矿壶很容易出现花泥现象。有的壶上会出现崩砂小坑，有的会出现"美人痣"，我赞同壶友这样的说法："这个世界没有瑕疵，只有你喜欢的和你不喜欢的。"苛求完美，总有遗憾，无论对人还是对事。

养护如玉的当代曼生朱泥葫芦壶

（23）当代的壶，工艺上完全可以做到精巧。以苛求之心寻觅好壶，肯定能找到口盖极其严密、转动自如、出水流畅、止水自由、端拿顺手的壶。

（24）千元左右可以选购到工精料好的壶。当然，也需要一定的机缘。

（25）物以稀为贵，无论是茶还是壶都可以成为奢侈品。就那一斤茶，一把壶，价格全凭双方商量决定，很难讲什么性价比，喜欢且能买得起，愿意买，就能成交。

（26）制壶用料水很深。什么是好料？首先要可塑性强，能最大可能地实现制壶人的想法；其次制出的壶要宜茶，能发香出味，久存茶汤不坏；再次是发色好，能烧制出迷人的色彩和光泽；最后是能养出神韵，随着茶水的滋养，越发古雅温润。

（27）紫砂矿料并不是宜兴独有，但宜兴具有七千多年的制陶文化史，紫砂茗壶已经成为宜兴的一张文化名片，所谓世界陶都、世界制壶中心，非宜兴莫属。其他地方虽有紫砂矿土，但制壶诸要素无法与宜兴相媲美。当下需要注意的是，不能为了金钱和名利而忽视了作为艺匠的艺德、作为壶商的商德。

（28）用紫砂壶未能享受到别人所说的茶香味美，为什么？原来是泡茶的水不行！泡好一壶茶，

清末山农款玉成窑椰瓢壶（弯曲的壶流可吸啜）

影响因素诸多，水质极为重要。在泡茶时经常会发现，有的壶内部较为清爽干净，而有的壶没泡几次茶垢就很厚了。出现太厚的茶垢是因为泡茶的水太硬了！水太硬会使茶汤涩味重、颜色深、香气沉闷。

（29）开壶后，发现紫砂壶表面有白色物质。这种白色物质的产生可能有三种原因：一是开壶所用的水太硬了，白色的是水垢；二是壶体表面涂有蜡，这是为了提高壶的卖相所做的装饰，一般在低档壶上常见，但也有可能是20世纪80年代的原紫砂一厂的打蜡壶；三是壶内存有氧化铝等细沙砾，这是在烧壶时，为防止壶盖与壶口烧结到一起，特地洒的。出窑后，商家未及时清除。

（30）用密度稍高的紫砂壶泡绿茶，茶叶不会变得熟烂；而用盖碗或玻璃壶泡绿茶，茶叶就熟烂得特别明显。紫砂壶泡的绿茶香气不如盖碗或玻璃壶泡得清鲜，但更绵甜柔和。用盖碗或玻璃壶泡绿茶，出汤要快，宁可多次冲泡出汤，也不能一次久泡出浓汤后再添水调淡。

（31）使用极其细腻的泥料或用灌浆法制作的壶，冲入开水后，壶壁非常烫手，而且散热非常慢，胎体似厚玻璃，茶叶在其中容易熟烂。经泡茶试验，若是泡不发酵的绿茶、轻发酵的乌龙茶或细嫩红茶，建议出汤要快（20秒左右），一次出汤干净后，应打开壶盖，晃动壶体，让茶叶散热，然后再续水冲泡，再出汤，这样茶汤香气充足，不会苦涩或有熟烫气。

（32）市场上买来的普通紫砂壶（俗称商品壶），泡茶前应作简单的修整，比如把壶流内孔眼中的泥渣用细铁丝去除掉，口盖处用力反复摩擦，以提高口盖的密合度，壶内口及壶内壁用粗砂纸打磨平整。简单修整后，再用茶叶煮水开壶。

（33）有人喜欢把壶盖钮和壶把儿用线绳系在一起，其实这样更容易碰伤壶。而且，时间一长，线绳黏腻，不但很脏，而且不美。所以，口盖保持分离，不仅揭盖泡茶方便，而且砂壶也可以临时作公道杯之用，岂不更美？

（34）烧得生（窑火不足，欠火候）的紫砂壶很容易色脏。不仅壶内容易染上茶汤颜色，壶口盖沿处还容易出现黑色斑点。这是因为泥料中的铁质与茶汤发生了化学反应，虽然没有毒，但是不美，所以挑选紫砂壶时要注意。

（35）巧妙的紫砂壶，总会让人爱不释手。这样的壶承载了工匠的奇思妙想，它的巧妙不在于微观细节，而在于整体的感觉。这样的壶，总会引人注目。

（36）使用紫砂壶泡茶时不一定要注满水。根据围坐在一起的品茶人的多少，自己控制水量、茶量进行冲泡即可。半壶茶也一样可以泡得很美味。个人认为，壶中留汤法，也是一种不错的泡茶之法：第一次泡好茶出汤时，特地留下一些茶汤，然后续水，再冲泡。

（37）小、雅、古的紫砂壶，看着就令人心生怜爱。出差时带上一把小壶、两三个小品茗杯、一卷小竹席，就能打造出一个茶艺的道场。静心地泡上一壶，既可静思涤虑，又可与友人对坐品饮。壶小聚香，滋味浓郁，让茶的美味与醇香温润心田。

一个全手工制作的壶盖内部

（38）高身筒的紫砂壶，泡茶时会有"闷"的效果，对于半发酵的乌龙茶，发酵类的红茶、普洱茶等有特殊的作用，有兴趣者可尝试一下。但高温冲泡，要注意出汤的时间。

（39）挑选紫砂壶时，一般就看一眼，好与坏，似乎就在刹那间决定了。所谓"一眼货"，如同嗅一下、听一声，就那一点点香气、一个音符，就决定了美的趣味和美的层次。

（40）不能光凭价格去判断壶的价值。在不同的时间、不同的地点、不同的人手里，价格相差很大，没有什么可比性。心头喜爱之物，更难以用价格去衡量，因为眼前的这一把壶你"一见钟情"，在你有能力带走它的时候却没有带，日后可能会常常思念它，你会后悔当初为什么就放弃了你与它的那一份缘。

（41）假如你真心爱壶，希望你不要把壶盖与壶身敲得叮当响。真想听听声音，用壶盖轻轻地在壶口上作画圈式的滑动，即能听到声音。一般来说，声音高而明亮的，壶烧成温度高，烧结胎质较为致密。声音低而沉闷的，有可能烧成火候不足，壶胎也会有土腥味。当然，这需要根据具体的壶做综合判断才行。

（42）不要盲目相信壶上的"美人痣"，有些壶即使是析出了铁质小黑点，但整体泥料较差，也不能说明此壶泥料是原矿的。可以对比好料中的"美人痣"的特点，再做综合判断。

（43）用宜兴紫砂泥做的手拉坯壶，未必就不好。网上常有把宜兴出产的手拉坯壶批评得一无是处的文章。我的观点是，只要泥料是安全的，做工精致，那么这种手拉坯壶就是好壶，可以用来泡轻发酵的茶。这种壶相对而言透气性差，但因胎质致密，故可有效激发茶叶香气。尤其是朱泥的手拉坯壶，用它沏泡轻发酵的乌龙茶（如铁观音）、绿茶、黄茶、白茶、花茶等，风味不逊于用瓷器、玻璃器等茶具。

（44）无款的紫砂壶，未必就一定是不好的壶。我见到过拍卖市场上无款的明末清初的菊花壶筋纹器，壶式精美，令人爱不释手。

（45）壶有各种各样的不完美。比如，壶口有小裂纹，壶身有"美人痣"（析出的铁质），或者某处有磕碰。但有时候，缺陷也是一种美。

壶的内壁章

（46）有人卖壶，以全手工和半手工来定价。但现在市场上常见的壶内的内壁章和壶把儿对应壶内壁位置的泥片接头痕都可以刻意做出来。看壶，还是要看整体给人的感觉。全手工的壶做得一定就美吗？为何要抛弃紫砂工艺中独具特色的制壶工具？年轻的手艺不佳的学徒徒手做的壶凭什么要卖得很贵？我们买壶时多一点理性，后悔就会少一点。

（47）有人以重量、大小卖壶，想来也挺有趣。大壶卖贵些，小壶便宜些；重的壶卖贵些，轻的壶便宜些。也有些紫砂壶经销商，对某一批壶，无论大小、重量、器形进行统一售价销售。卖壶者与买壶者，各自心中都有判断标准。买的欢喜，卖的不亏，紫砂壶总是能给人带来不同的乐趣。

（48）从商品学的角度看，挑选紫砂壶要把握五个字：泥、形、工、火、用，即挑选泥料佳、形美、工精、火好、合手好用的壶。基本符合"五字"的壶，又能分出孤品、珍品、妙品、佳品等。遇见好壶不仅需要缘分，更需要学识、眼光。

（49）不是所有的好壶都能通过互联网搜到；不是所有的紫砂壶艺人都要去考职称；不是所有有职称的人做的壶都是艺术品。壶的价格与价值，取决于作为消费者的你。眼前的这一把壶，在你的心中价值几何，它就价值几何。

（50）有些假冒名人的壶，常画蛇添足。比如，有一把仿冒顾景舟"座有兰言"仿鼓壶的，壶把儿末梢处竟然刻有"珍品"二字。顾先生在做壶的时候，会在壶上刻这样自夸的评语吗？以顾先生的为人，显而易见，这是不可能的。

（51）经常使用的紫砂壶，若常浇淋茶汤且未及时用茶巾擦拭，看起来会很脏，紫砂的品茗杯内部因为常接触茶汤，也会出现这种情况。从饮茶的角度看，这种脏并非不卫生，只是观感不美而已。

（52）莫为壶的包装所迷惑。精美的竹盒，有图案的锦囊，防伪证书，精美的手提袋，再配上一本厚厚的艺人作品集，里面的壶顿时就高大上起来。作为礼品的紫砂壶常常会这样包装。那盒子里的壶到底品相怎样？还是要提高自己的美学素养和鉴壶的眼力才行，不然你很容易被精美的外包装迷惑。

（53）只要历史上曾经出现的壶，现代都有可能仿制，而且还有可能臆造。遇到一把看似古董的壶，切莫心存侥幸，一定要理性分析判断。

（54）有的壶注满水后，倒水时，空气从壶钮上的孔眼进入壶内，会发出似小鸟鸣叫的声音。有人刻意研究制作出了会鸣叫的紫砂壶，倒水就能发出愉悦的声响，这也是玩壶的一乐。

（55）壶上干净无装饰的，要特别注意壶体造型线条及表面明针处理；壶上有装饰的，尤其是陶刻书画的，书画要有金石趣味。一把真正透着文人意趣的紫砂壶会令人百看不厌，越用越喜欢。

（56）案头常置一壶，看书劳累时可随手一取，摩挲把玩，享触觉之妙；也可抬头凝视，享视觉之美。

115 光器与花器之思

研习紫砂文化时，在早期的一些资料文献中，看到重光器而轻花器的观点占据了主流。我也曾受影响。比如，我曾看过一篇文章，把一把百果壶批评得一无是处，说那把壶上面粘了乱七八糟的瓜子、花生之类，很难看。在最初认识紫砂壶时，也感觉黑乎乎的一把泥壶不好看。印象中，在我高中的时候，姐姐出差经过宜兴，在马路边还买过几把壶，好像是仿鼓壶，当时家里也很少有茶叶，偶见父亲用大搪瓷缸泡浓重的绿茶，对壶与茶并没有什么深刻的印象。如今陶瓷市场上多见光器，花器次之，筋纹器又次之，还有一些类似雕塑的壶，等等。如今，借助模具制壶，效率大大提高，但我们能明显看到有些壶做工粗糙，不是用心所造之物，如壶上隐隐起伏的不平块面，泥料调制不匀的花泥纹，壶内残留的工具痕迹等。但最有意思的是，近几年提倡"工匠精神"，一时间"全手工壶"备受推崇。市场上所谓的全手工壶是指，壶上所有的部件都是手工制作的，壶身有明显的泥片接痕，壶流手工制作，壶把儿手工制作，壶盖和壶钮也是手工制作。

制作紫砂壶所用到的工具有一百多种，工具的多样性也说明了紫砂壶工艺的复杂程度。而特别强调全手工是没有必要的。壶的用料、工艺、火候、功能等俱佳，整体效果才美。

如今，制作一把紫砂壶成品，加化料，烧得生，做痕迹，抛个光，打石蜡，配证书，是众所周知的。消费者面对茶壶，常常慨叹：一壶虽小，但水太深！也许就因为壶里水深，大家才玩得不亦乐乎。

说到光器、花器的艺术之美，我们不能不提到当代紫砂界的泰斗式人物顾景舟和蒋蓉。他们对紫砂壶艺术的看法值得我们学习。

顾景舟大师认为，壶艺创新要注意三个要素：其一是形，即壶的形象，也就是形状样式，这源于对造型的熟悉程度和作者的精心设计。其二是神，即壶的神态，也就是通过形象表达散发出的情趣。其三是气，即壶的气质，也就是形象内涵的实质性的美的素质。紫砂壶艺的创新若能做到形、神、气三者融会贯通，方可称为佳作。诚然，这是不容易的事。壶艺创新需要有扎实的基本技能、丰富的生活积累、严格缜密的技巧，要有对选料、成型、烧成一系列错综复杂的工艺流程的深入了解和掌握，等等。"总之，艺术要有决断，要朴素，要率真，要把亲自感觉到的表达出来，以达到形、神、气兼备，才能使作品气韵生动，显示出强烈的艺术感染力。"[①]

顾景舟制 茄段壶

---

① 史俊棠，盛畔松 . 紫砂春秋 [M]. 上海：上海文汇出版社，1991：172-173.

蒋蓉大师认为，如果把壶身比喻成一个人的身体，那么，壶嘴、壶鋬、壶盖、壶钮以及壶脚就像人的五官四肢，它们之间的和谐与呼应是最重要的。壶嘴与壶鋬须舒屈自然，壶盖则如人之冠，口盖直而紧、倾斜而无落帽之忧。壶嘴出水通畅有力，壶鋬拿握舒适。这样，壶的观赏功能与实用功能就融为一体了[①]。

蒋蓉制 荸荠壶

⑯ 复归于素朴

　　紫砂壶茶具造型千万，各种造型的茶具我几乎都使用过，然而一时的兴奋与痴迷过后，那些造型独特的往往都被束之高阁了。留在茶桌上的，还是那些传统经典的茶具。仿鼓、文旦、石瓢、掇球、西施、具轮珠、井栏、莲子等，这些常用的壶，容量都不太大，茶桌上大多是 90~150 毫升的小品，200~300 毫升的用得不多，300 毫升以上的算是大壶了。大壶我常在茶文化讲座中使用，一是观众能看得见；二是泡起茶来，大家都能喝上一口，若用太小的壶，无法让在场的观众品尝到茶的味道。在日常使用的茶壶中，出水流畅、清理茶渣方便、口盖严密、工料俱佳的壶我用得最多。如果偶然发现某把壶泡某种茶好喝，我会相对固定地用那把壶泡那类茶，这样不会串味，用起来也开心。眼见茶桌上摆满了茶具，隔一段时间总是要收纳起来。

---

① 徐风 . 花非花：紫砂艺人蒋蓉传 [M]. 北京：人民文学出版社，2006：83.

砂壶

　　还有一些壶似乎只能作观赏把玩，有的可能是名人作品，价值不菲，怕磕碰，使用的频率就不会太高；有的壶泡茶功能较弱，出水不顺畅，清理茶渣也不方便，就不会经常使用了。这些壶，虽然极少用于泡茶，但依然可以从把玩和观赏中感受到紫砂壶的美。我经常会把自己收藏的壶拿出来把玩一番，用壶、赏壶、把玩壶、研究壶，已经成为我生活中的一部分，我的心灵得以被壶文化滋养。不禁感叹，在江南生活和工作，实乃幸甚幸甚！

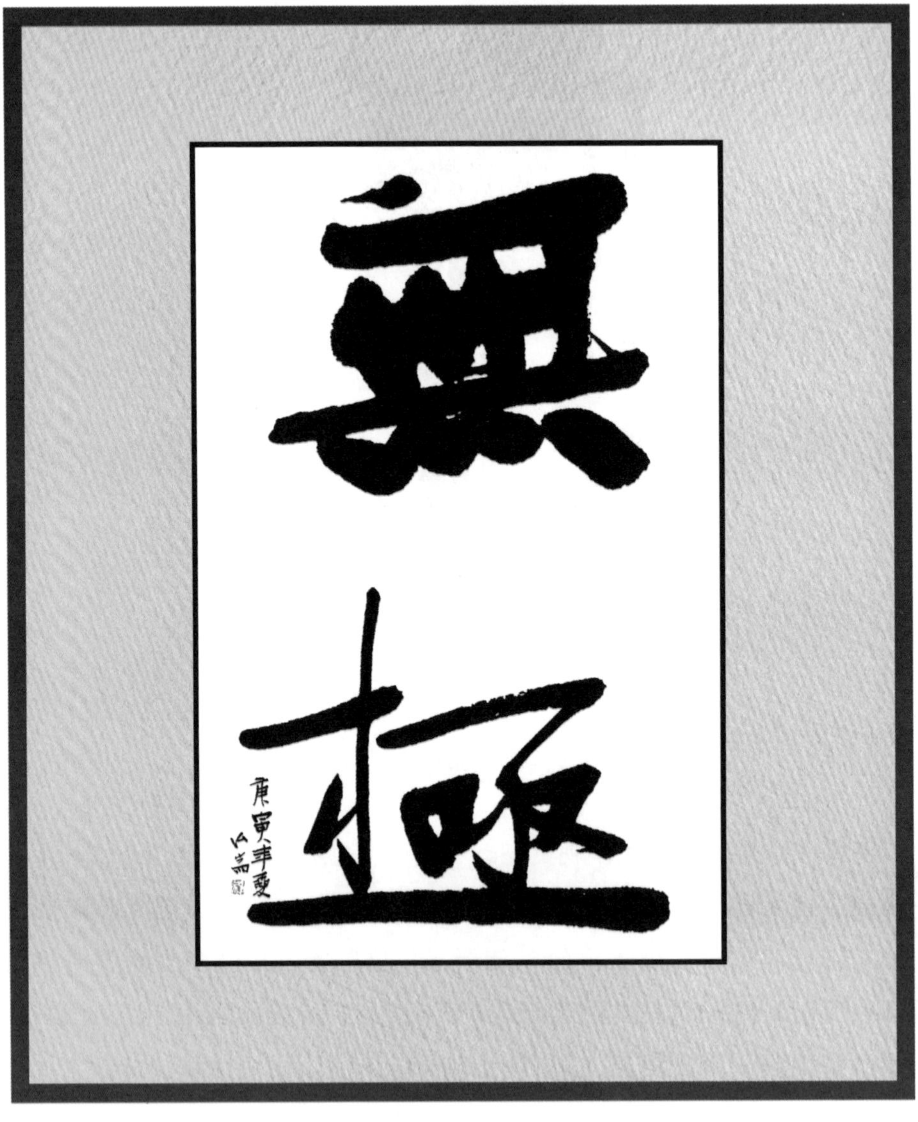

弘峁书法《无极》

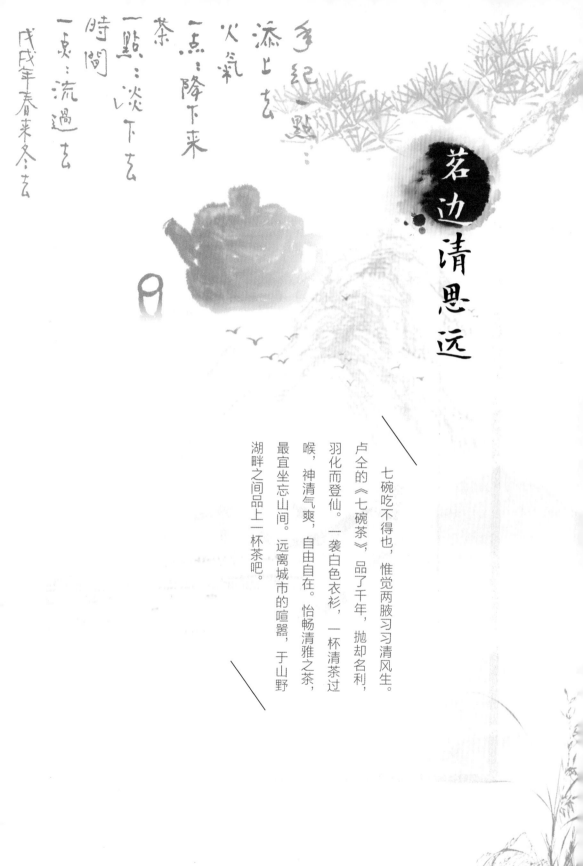

手記趣：

添上去
火氣
一点：降下来
茶
一點：淡下去
時間
一点：流過去

戊戌年春来冬去

茗边清思远

七碗吃不得也，惟觉两腋习习清风生。卢仝的《七碗茶》，品了千年，抛却名利，羽化而登仙。一袭白色衣衫，一杯清茶过喉，神清气爽，自由自在。怡畅清雅之茶，最宜坐忘山间。远离城市的喧嚣，于山野湖畔之间品上一杯茶吧。

三楚石匠书法《水月禅心》

① 茶性映人性

中国是茶之故乡，茶是中国文化的符号。先民把茶纳入食品范畴，以茶为食、为药、为饮。茶是大自然之叶，人是大自然之子，茶叶经过加工，被赋予了人的美好意愿。人们因茶相聚，通过分享一壶茶汤，交流思想，激发智慧，茶实在是善的饮料。

君子慎独。一人一壶，独坐书斋，煮水瀹茶。温壶烫盏，取茶置茶，温润泡茶，出汤分茶，闻香品味，所谓的茶艺程式不过如此。借由简净之式，静心安心，于茶汤中感悟体味，是茶艺之真谛。然而，那些刻板、机械的表演说辞，喋喋不休的宣讲，只会让本想尝试饮茶的人，渐渐远离茶，尤其是看到一群身着古装的所谓茶人，手中捏着串珠，口中念着经文。这种茶人，令人害怕，还是远离一点比较好。

接地气，实在些，这是真爱茶者的心声。

萌趣茶宠

② 鸟与蛇——茶传播的传说

研读历史上流传下来的各地有关茶的传说，笔者不禁对"该地的茶是从哪里来"产生了兴趣。茶树结籽，茶籽可生茶树。圆圆的茶籽如何去了万里之外？风不能吹远，水不能流远，茶籽的长途旅行，只能借助动物的力量。

茶园里的动物，谁能完成如此的使命？一是画眉鸟，二是蛇。飞鸟翔空，蛇行大地。茶生天地间，有鸟与蛇的帮助，自能遍布九州。中国传统文化讲究龙凤呈祥，将现实中的可能性上升到美好的人生理想追求，合情合理。笔者搜索有关茶的传说资料，发现至少有三则传说涉及飞鸟与蛇：一是信阳毛尖茶的传说，画眉鸟衔茶籽；二是庐山云雾茶的传说，多情鸟衔茶籽；三是宜兴阳羡茶的传说，白蛇衔籽。这些传说为当地茶山带来了浪漫的色彩，承蒙上天护佑，众生呵护，方结茶缘。

茶籽借由大自然中的动物，完成了生命的延续。而作为最有智慧的人类，通过科学培育，精心种植，高效管理，探索工艺，制成了丰富多彩的茶类。

③ 茶之传说"神农尝百草"的学术错引

唐代陆羽《茶经》载："茶之为饮，发乎神农氏，闻于鲁周公。"这种说法的根据似乎来自《神农食经》。《神农食经》在日本名著《医心方》和我国宋初的类书《太平御览》中都有记载。除此之外，《医心方》还记载有《神农食禁》。在此之前，《汉书·艺文志》已经记载有《神农黄帝食禁》一种，但由于年代久远，这本书的内容已经无从考证，我们只能从唐宋人的少数引文中得知其存在过。很多作者在撰写茶的起源时，最喜欢引用的一句是"神农尝百草，一日而遇七十二毒，得茶而解之"，并注明是引自《神农本草经》。竺济法先生发现最早引录此言的，是清代的著名类书——校刊于乾隆三十四年（1769）的文渊阁影印本《钦定四库全书·格致镜原》，其引文与流行的说法有所差别，言曰"《本草》：神农尝百草，一日而遇七十毒，得茶以解之。今人服药不饮茶，恐解药也。"

炎帝神农氏"耜耕像"

关剑平先生指出："陆羽出于精神信仰而把神农作为茶界的象征，没有也不必提供依据，信不信由你。这是一个信仰问题，不是学术规范问题。《茶经》中唯一一个与神农相关的史料是《神农食经》，但是其中并没有提到神农发现茶。另外，产品形象设计、产业象征包装也不存在历史真实性论证的问题，对于产品的认识是其成败的关键，市场效果是检验其成败的标准。"①

---

① 关剑平 . 神农对于茶业的意义：兼论中国茶文化研究的学术规范问题［J］. 中国茶叶，2010（6）：39-41.

4 博雅专精者——隐逸的"茶圣"陆羽

"茶之为用，味至寒，为饮最宜精行俭德之人。"此句出自陆羽所著的《茶经》。"精行俭德之人"说的就是德行兼备、具有高尚追求的茶人。陆羽（733—约804），复州竟陵（今湖北天门市）人，湖州（今浙江湖州市）是其第二故乡。他一生坎坷，三岁时被父母遗弃，为龙盖寺智积禅师所收养。陆羽性格执着，有主见，有自强、自立精神，不轻易为他人所左右。他喜游历，广交朋友，广闻博识，注重实践，具有顽强的意志。28岁时（760年）到湖州茶区寓居，直到72岁（804年）病终于湖州。他撰写的《茶经》虽仅有七千字，但内涵丰富。33岁完成初稿，48岁付印，并在完成初稿至付印的15年里不断修订完善，最终完成了这本影响后世的巨著。《茶经》被商品学界誉为世界第一部商品学著作。其文风"严、简、丽、奥"，内容既有科学技术，又有历史文化，是学科跨界的创新之作，也是世界上最早的一部茶书。《茶经》也是中国茶文化形成的标志，它首次以著作的形式对中国茶史、茶学、茶文化进行了全方位的研究总结，初步建立了茶学理论体系，开茶学之先河，全面考察了唐代茶区，注重实践，总结了唐以前的有关茶的多方面经验，且有创新，对后世茶叶生产、茶学研究以及茶文化普及产生了深远影响。

5 皎然提出"茶道"

在茶文化史上，学界公认"茶道"一词是由唐代的诗僧皎然首次提出的。他在《饮茶歌诮崔石使君》诗中写道："越人遗我剡溪茗，采得金牙爨金鼎。素瓷雪色缥沫香，何似诸仙琼蕊浆。一饮涤昏寐，情来朗爽满天地。再饮清我神，忽如飞雨洒轻尘。三饮便得道，何须苦心破烦恼。此物清高世莫知，世人饮酒多自欺。愁看毕卓瓮间夜，笑向陶潜篱下时。崔侯啜之意不已，狂歌一曲惊人耳。孰知茶道全尔真，唯有丹丘得如此。"皎然认为，饮茶能清神、得道。

封演的《封氏闻见记》中也提到了"茶道"，"楚人陆鸿渐为《茶论》，说茶之功效并煎茶炙茶之法，造茶具二十四事，以都统笼贮之。远近倾慕，好事者家藏一副。有常伯熊者，又因鸿渐之论广润色之。于是茶道大行，王公朝士无不饮者"。但《饮茶歌诮崔石使君》这首诗歌创作于唐贞元八年（792）以前，早于《封氏闻见记》。皎然是世界茶文化史上最早提出"茶道"的，在中国茶史上具有里程碑式的意义。

6 美妙的唐代宝塔诗

茶。

香叶，嫩芽。

慕诗客，爱僧家。

碾雕白玉，罗织红纱。

铫煎黄蕊色，碗转曲尘花。

夜后邀陪明月，晨前命对朝霞。

洗尽古今人不倦，将知醉后岂堪夸。

这是唐代诗人元稹所作《一字至七字诗·茶》，又称宝塔诗。作为一种杂言诗体，具有形式美、韵律美、意蕴美的特点，构思巧妙精致，趣意盎然，在诸多咏茶诗中别具一格。这首宝塔诗涵盖了古人品茶的所有元素：茶叶、茶具、茶汤、爱茶人、品茶环境及品茶境界，从茶的自然属性写起，写到茶的社会属性，描述了唐人煮茶、饮茶的习俗，还提到茶的提神醒酒功效。全诗述及茶的品质、功效，饮茶的意境，烹茶及赏茶的过程等，是茶诗中难得的精品。

⑦ 卢仝《走笔谢孟谏议寄新茶》

"日高丈五睡正浓，军将打门惊周公。口云谏议送书信，白绢斜封三道印。开缄宛见谏议面，手阅月团三百片。闻道新年入山里，蛰虫惊动春风起。天子须尝阳羡茶，百草不敢先开花。仁风暗结珠琲瓃，先春抽出黄金芽。摘鲜焙芳旋封裹，至精至好且不奢。至尊之馀合王公，何事便到山人家？柴门反关无俗客，纱帽笼头自煎吃。碧云引风吹不断，白花浮光凝碗面。一碗喉吻润，两碗破孤闷。三碗搜枯肠，唯有文字五千卷。四碗发轻汗，平生不平事，尽向毛孔散。五碗肌骨清，六碗通仙灵。七碗吃不得也，唯觉两腋习习清风生。蓬莱山，在何处？玉川子，乘此清风欲归去。山上群仙司下土，地位清高隔风雨。安得知百万亿苍生命，堕在巅崖受辛苦？便为谏议问苍生，到头还得苏息否？"

此诗常被人称为《七碗茶诗》，诗句中容易被抄错的有两处：一是"天子须尝阳羡茶，百草不敢先开花"常被抄错为"天子未尝阳羡茶，百草不敢先开花"，而且还把这句说成是陆羽写的。二是"五碗肌骨清"常被抄错为"五碗肌骨轻"。此诗流传甚广，尤其是"一碗"至"七碗"。在品茶时把每一泡的感觉与该诗歌的每一碗诗句相对应，自然多了一份雅趣。

⑧ 俭——为政之道

唯俭能政通人和。俭，由生活起居始，首先体现在饮食之道。古语云："由俭入奢易，由奢入俭难。"在现代社会，因贪欲而出现的社会问题层出不穷，令人担忧，贪欲是俭朴的敌人。我们要常常警醒自心，莫要放纵自己，尤其是要控制自己的贪欲。

9 春天的花香

粉红色的风信子花开了！在三月的初春，新茶尚未品到之时，春意已降临。在客厅里，我关着窗，泡一盏武夷山的岩茶。沸水冲泡，出汤入杯，小啜。水滑幽香，和着空气中风信子的甜腻，感叹着在斗室中品茶的奥妙。这样的嗅觉、味觉、触觉，令人心旷神怡，花香、茶香令人陶醉。

盛开的茶花

10 合格的茶艺师不全看长相

"请问我这个体形、相貌可以学茶艺吗？"面对一些想学茶艺的朋友的发问，我毫不犹豫地一律回答："当然可以！"

也许是因为我们见到了太多的茶艺师是年轻的美女和帅哥，他们身着飘逸的汉服或茶人服，宛若从古典小说中走出的人物，所以才会不自觉地拿自己与他们进行比较。美女和帅哥当然养眼，但并不是说学茶艺一定要有多么好的外在条件。从古籍记载来看，"茶圣"陆羽是算不上帅哥的，而且还有口吃的毛病。这样的外在条件甚至逊色于一般人，但这并不影响他成为"茶圣"。

若从做茶艺服务人员的角度而言，身材及长相好固然是求职者的一项优越条件，但内在美更重要，所以长相一般也不必自卑。从专业角度来说，茶艺师的基本功是把一杯茶泡好。真正的茶艺师要有真才实学，有理论联系实践的能力，在生活和工作中不断提升茶学及艺术修养，德才兼备，做到人品与茶品俱佳。

葛军制 笑迎天下弥勒佛

⑪ 以开放的心态饮茶

一款茶好不好，由个人口味嗜好决定。但若死守一个圈子，很可能会故步自封。多出去走走，了解各种茶的滋味，尤其是好茶的滋味，这对提高个人见识很有帮助。

作为一个爱茶的人，应保持开放的心态，多交流，多钻研，不断提高认识。

⑫ 用心

泡茶要用心，专注于泡茶的每一个动作，目光要凝视着茶具，做到心、目、手相谐和，一切自然流畅。同时要用心去品茶，相信你所经受的历练都是善的累积，一切都是最好的安排。用心泡茶，静待花开！

⑬ 师徒之缘

身正为师，德高为范。作为老师应以品德为先，技艺次之，还要有一

颗弘道护道的慈心。窃以为，从来都是老师找徒弟，真正高水平的老师，都有传道的责任和使命感。无论师徒，若真有担当，缘分自来。另外，法器相赠，不是索要来的。这一点，为艺者慎。

一碗碧螺春，江南春光美

⑭ 简简单单才是最好的

也许是日常看多了各种唯美的茶席设计，刷多了茶友们的朋友圈，如今似乎对那些套装的茶席（焚香、挂画、插花）有了审美疲劳。静下心来，还是觉得茶席简单到只有一竹帘（干泡法）、一壶（或盖碗）、一公道杯、一品茗杯、一茶巾为好。坐在家中，不受其他诸多元素纷扰，泡上一壶茶，静静地用心品味，感悟"茶至心""心至茶"之奥妙，才是最好的。

⑮ 身心应和茶之味

外面没有别人，只有你自己。茶与人相应。茶会上众人共饮一壶茶，每人感觉各不相同。从内心感受上来说，饮罢一杯，或极其震撼，或无动于衷，或感觉平淡。亦有身体上的反应：舌底鸣泉，上下通气，脊背出汗，全身舒坦。或觉滋味平淡，或觉醇厚浓酽。热乎乎的茶汤进入不同的身体，引发的感触各不相同。不同的时间，不同的地点，与不同的人共品一壶，感受也不同，品茶就是如此的奇妙。茶汤激发了某一刻的你，那一刻是唯一的，所谓一期一会，没有过去，没有未来，就只在当下发生。珍惜茶之缘，享受茶之味，感念人生之美妙。

茶可以看成是连接友谊的桥梁。朋友之间以茶相聚，吃茶谈心，喝的是氛围，品的是感觉。倘若较真地去讨论谁家的茶汤优次，那茶就承载了过多的信息，茶累，人也累。保持放松的心情，细品茶香，感受茶与人情之美。

有人说，好茶不敢饮，只因担心着了道，着了痴迷好茶的道。担心嘴巴越来越刁，贪念越来越重。但我想，因担心而不饮，才是遗憾。我们平常饮的都是"口粮茶"，即爱茶者平常饮的一些中档茶，它是生活饮食之必需品。而极好的茶，应在一些特殊的日子或和一些特别的朋友一起品饮，用心感受好茶带来的惊喜，共享茶之美妙。亦可与学生，与未入门者，与初入门之茶友品饮，引导他们进入博大精深的茶文化之门。这是茶人的担当，不为茶所迷，以茶修德，行进在路上。

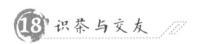

初次与某茶相遇，我喜欢用由淡渐浓的方式去品味它。烧水、择器、

温杯烫盏、投茶、冲水，快速地出汤，以 20 毫升的小品茗杯分三口轻啜，此刻没有焚香，没有插花，没有音乐，只有人在此境中与茶相遇，用心细细地品味。再次续水冲泡，可稍延长时间，让茶汤渐渐浓厚一些，再度感受其香其味。重复此法，慢慢领略该茶之美。

君子之交淡如水，淡淡之交，相识相知，让时间去涤荡。此时此刻品味此茶，正是当下的感受。把茶存放些时日，再去冲泡，茶又有所变化，尤其是普洱茶。而人又何尝不是呢？岁月变迁，人心无常，友谊能长存者，也是你与朋友在不断交往中，相互欣赏，相互砥砺，共同进步的结果。

泡一杯茶与交一朋友，其理相同。愿杯中的日月与饮茶的友人长存。

朱迪篆刻 两小无猜

⑲ 茶与器，传承文化脉络

2015 年，紫砂及陶瓷市场进入了较为明显的低谷期，尽管如此，用心制器的艺术家所制造的紫砂壶仍是一壶难求。五百年的紫砂艺术，起起落落，实乃正常。茶文化的发展数千年绵延不断，且近年来更有蓬勃之态势。人在不断地调和着茶、水、器之间的关系，无论经历怎样的市

葛军制 金钱豹壶

场变迁，只要用心造物，一定会受到懂它们的茶人的悉心呵护与追捧。

器物承载着文化符号，这些符号合乎人性中的真善美。承载着合乎人类共同价值的民族符号的器物，才能被国际市场所接纳，才是时代的器物。

尊重原创，不断创新，用心做好当下之事，勇于担当，一切都会变好。

⑳ 四十年的历练，技艺成就了好茶

朋友拿来三款台湾红茶，作为小礼物让我品尝。他告诉我那个味道最好的茶是一位制茶老师傅做的，他制作红茶40多年了，练就了极佳的技艺，但其子尚未学到。朋友非常希望老师傅的手工技艺能代代传承下去，所以，他在为师傅的茶做市场细分，希望更多的茶友能享受到红茶的花香果味。

㉑ 素茶

作者习茶

受我的一位学生之邀，去他租住的小屋品茶。这位学生与我有甚深的缘分。他与我相识于茶文化公选课上，第一次下课后，他激动地走上讲台，对我说："老师，我在下面听讲，恍惚中感觉你是我舅舅，因为我舅舅也是大学老师，您非常平易近人，我希望能和您日后多多交流。"听着他真诚而谦和的话语，我欣然同意了。后来在我的督促之下，他顺利考上了自己心仪的研究生院校，攻读硕士学位。

泡好茶后，他挑了一个小建盏给我用。他告诉我，每天泡茶第一杯先敬佛，于是他端茶去内室供奉，落座后给我奉茶。我突然想起之前有一次我请学生吃饭，他曾说过他吃素已经好几年了。于是，我问起缘由。他说，在他的亲友之中，最疼爱他的是外婆。在外婆临终前，他看着躺在病床上的外婆非常痛苦。外婆说她感觉眼前有很多亲人（已故去的）在召唤她。于是，他请教了学佛的朋友，朋友告诉他可以为外婆诵经。最后，外婆在他虔诚的诵经声中安详地闭上了双眼。外婆往生后，他便笃信了佛教，从此不再食肉。

听完他的讲述，我又给他推荐了自己非常喜欢的李罕先生诵读的经文。我们一起分享了三壶茶：福鼎白牡丹、老枞肉桂和梅占，各有其味，茶香汤润，余味悠长。

补记： 因学生执意要食素，我特意请了一位高人指点他，让他明白身心健康地修习佛法才是正举，莫因执念而误入歧途。

㉒ 陈年红茶

2019 年我购得了几罐 2018 年的罐装红茶，保质期三年。其实对我来说，陈年的红茶，只要有饮用价值，我都会有欲望去品尝一下。在江南地区，大家常饮绿茶，且以春茶、新茶为好。陈年的茶，若作为礼物相送，似乎有失面子。而我认为陈年红茶甚好，虽然香气有所减弱，滋味也转化了，但口感上变得甜润、平和，似乎品尝着淡雅之香，人也会变得从容淡泊。从饮茶而论，似乎年龄越大，越喜欢那种陈韵之味，对香味太过刚猛与浓烈的茶，反而不像刚开始习茶时那么喜欢。当然，在宣传茶文化之际，我仍然会选择香气浓烈、滋味特别的茶叶，因为在这样的场合中，强烈的香气与滋味能带来更愉悦的气氛，对弘扬茶文化也更助益。

爱茶，就爱一辈子。因为有茶，我们的人生才有了更多层面的探索。

23 淡雅之滇红——淡云

我很喜欢云南昌宁的一款小金针茶，尤其是以群体种茶叶的新嫩芽头制成的红茶干茶，颜色黄白，冲泡后香味宜人，很适合在湿冷的无锡的冬日里品味。我分了几小包，取名"淡云"，赠予爱喝茶的好友，希望他们能在冬日里感受到淡淡的彩云之南的温暖。

这款小金针茶出产自云南省昌宁县，选取树龄在50年以上的地方群体良种茶芽，制成的茶叶条索肥嫩、紧直挺秀、金毫显露、香气浓纯，有栗糖香，滋味浓厚鲜甜，叶底红匀明亮，干茶略带黑条，香气、滋味好于大金针茶。

某日在品味"淡云"时，看到一个台湾茶友制作的一段有关茶保健的视频。这个视频里褒赞了台湾乌龙茶、绿茶，贬低了红茶，并且说红茶没有营养。个人并不认同这种观点。茶人饮茶，肯定不是把营养放在了第一位，而是重视饮茶带给人的精神上的享受。不同的茶可以给人带来不同的愉悦与灵感，无法说哪一种茶排第一、哪一种茶排最后，更不能说某茶毫无营养（我曾经看过一个专家医生的演讲，他就固执地认为花茶无营养）。若说没有营养，可乐也同样没有营养，但喝可乐的人依然比比皆是。

茶作为世界三大饮料之一，有很多种，所以饮什么茶不重要，重要的是茶本身带给人的幸福感。

24 我有茶，你有故事，来喝茶

外出开会，我总喜欢随身携带一套简易的茶具，主要有一个约200毫

升的紫砂壶，四个品茗杯，一个公道杯，一个深红色的密胺塑料壶承，一块茶巾。包裹起来体积不大，放在箱子里也不担心被碰碎。遇见了老朋友，认识了新朋友，晚上吃完饭，坐在房间里品饮一壶茶，就打开了话匣子。天南地北的朋友分享各种人生故事，激荡智慧，其乐融融。

2017年去江阴开会，北京的一个朋友说起了一个著名的作家，那个作家先后购买了十套房子，都是用稿费买的。买房子最初的目的是存放读者来信，一套房子装满了，又买了一套，不知不觉就买了十套。当初房子也并没有那么贵，但现在看来，感觉那个作家很有投资眼光。我品着茶，听着朋友的诉说，竟一下感动起来，我想这就是真诚带来的意外回报啊！每一封来信都饱含着读者对作家的热爱，而作家也尽可能地认真对待每一位读者。正是因为作家珍惜这每一份的真诚，才获得了令人意外的回报。

25 秋凉桂花香

江南的秋天来得快，夏天过后，几场秋雨，冷热交替，桂花的芳香就迷漫在房前屋后了。不用去公园，即使是在家中的书房，窗外的桂花香也能随着秋风来到鼻端，令人陶醉。沏上一壶茶，伴着桂花香，以小杯品啜，一身的疲惫顿时消散。

无论是碧螺春还是阳羡红，这带着桂花香的空气，总能给茶香带来一丝清凉与香甜。这样的饮茶之境，在江南的秋天里，令人感念。

26 茶席设计

20世纪90年代末，杭州出现了茶席设计的活动，在2000年年初，"茶席设计"一词才被明确提出来，被大家广泛使用。随着近几年的茶艺流行，各种不同风格的茶席比赛作品开始通过移动互联网铺天盖地地展示出来。

茶席设计表达了设计者对茶文化的理解，诠释了茶道精神，构建了和谐茶境，展现了茶艺美学，探索了茶艺发展方向。设计者通过选择不同的器具、茶品等茶事活动的相关元素，并按照一定的主旨设计茶席，可以营造出不同的茶文化氛围。调制好一杯茶汤，共享茶中乐趣。茶席展现的是用茶行为的时空关系，具有文化性、时代性、地域性、民族性等特点。从概念上看，茶席是设计者为满足人们对用茶行为的不同需求，按照一定的规则，选定诸关联要素，以明确的主题精心布设的具有茶元素的时空关系。

人们通常把茶桌上经过布设的各种茶具、插花、香具等的组合视为茶席。但茶席不仅应包括茶桌上的一系列的可视物件，还应包括茶艺活动中的背景音乐以及茶事活动举办的场所、地点及时间等要素。茶席艺术的发展方向一定是多元化的。随着茶席设计的发展，出现了弱化泡茶功能的茶席观念作品、注重泡茶功能的茶席作品、弱化泡茶功能强化审美因素的茶席作品等各种茶席作品，茶席以不同的风貌呈现在我们的面前。人们借助具象的茶席，表达了对茶道精神的理解。从茶席的具象到抽象，作为茶席主角的茶，已经成为人类的文化符号。在人们的日常生活中，茶虽然不是饮食必需品，但饱含着浓浓的人情味，茶让我们的生活更美好。

㉗ 陪忘年交品茶

戊戌立春刚过，接到忘年交朱教授的邀请，处理完手头事后，便登门拜访。我给朱教授带了铁观音、台湾阿里山乌龙茶，都是轻发酵茶，朱教授偏爱此类风味的乌龙茶。到了朱教授府上，他已经在客厅等我了。他的客厅的茶几上常年放着一个圆形的紫砂茶盘，茶盘上放着一把小紫砂壶、两三个小

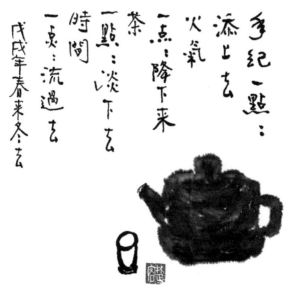

朱郁华书画小品

品茗杯、一个公道杯，与潮汕功夫茶的装备类似。

聊天中，我和他分享了近日拜访九三学社一些老同志的体会。我问他，为什么很多八旬老人愿意居住在老屋子？儿女有心，想让他们搬到条件更好的地方，他们都不愿意。朱教授说，现在他很能理解老人们的心理。他说，他以前也学习过一些心理学的知识，结合自己的体会，他觉得人过了八十岁，心理会发生较大的变化，惰性会越来越大，对自己所处的老环境、用过的老物件有一种深深的依赖。他举例说他现在饮茶坐的椅子，只有坐在这个椅子上才会觉得舒适，而另一张椅子是他专门用来晒太阳的，不愿意混用。由此，我也能理解朱教授的饮茶习惯及不清洗茶具的习惯了。

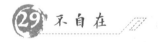

28 与留学生品茶

有缘给留学生讲《中国文化》，在授课时，我特设置了饮食文化的内容，每次在教室里泡茶品茶、分享糕点，学生们都甚是开心。来自非洲的学生，甚至还跳起了舞蹈。来自委内瑞拉的小伙子卡洛斯告诉我，他通过喝茶，喜欢上了中国！来自泰国的曾慧心同学，可爱美丽又大方，她表示非常开心能喝到中国茶，而且喜欢上了喝茶！她还制作了一个视频，表达了她对中国茶的热爱。中国茶文化超越了国界，被不同地域的人们所喜爱，真是令人高兴。在课堂上与留学生们分享茶汤美味，不仅增进了师生感情，也弘扬了中国的传统文化。虽然大家语言不通，但因为有了茶的交流，课堂气氛依然融洽。

29 不自在

自幼性格内向，做什么都不自在。小时候，走在马路上，总是害怕遇见熟人，因为分不清该喊对方什么，时常躲到马路边的草地上。就是由于略带偏执的性格，最终在家人和亲友的建议下，入了教育的行当。

走上讲台，一站就是20多年。近年来，我似乎才从不自在的课堂里面稍稍地找到了一点点自由。初为教师那几年，一想到上课，总是紧张，无论是开学之前，还是上课头天晚上，总是在紧张中度过。好在可爱的学生对我总是不错，师生关系融洽。不曾想，还能被学生举荐为学校最受学生喜爱的老师之一。在惊诧之中，问到学生之所想，原来学生之推举，是因课堂上下我仁心慈爱、言行一致，能真心帮助学生摆脱焦虑、不安和困顿。由此一想，我明白了，虽然在课堂上略显拘谨，记忆力更是无法与能背诵教案的同事们相比，但我一心一意地奉行"爱与善良，有求

弘嵩书法《听茶观音》

必应，全心全意为学生服务"，因此受到了学生们的喜爱。

习茶日久，竟也能与茶友提壶瀹茶，谈笑风生。真是要感谢这一片神奇的树叶给我带来的福运。因为茶，我遇见了人生中学术上的导师；因为茶，

我遇见了富有灵性的学生；因为茶，我找到了我生命中的太阳，让我也能发出爱的光芒。

在有茶的生命时光里，我的不自在越来越少，茶汤温润吾心，心头便放下了块垒，变得清净从容，善于接纳茶所带来的一切。行走世间，慢慢地走，静听茶叶在壶中伸展的声音，嗅一嗅壶上升起的淡淡茶香，抿一口沸水激发出的芽叶的甘甜。有茶的日子里，每一天都是新鲜而美好的。快乐从茶出发，自在由心而生。

30 "心空无相"禅茶之思

有朋友自远方来，一同品茶，嘱我演绎茶艺。2011年11月，我在灵隐寺的云林茶会上喝了一道禅茶，记忆犹新。于是，结合近年来的思考，我编演了一道"生活禅茶：五步无相禅茶"茶艺。该茶艺从佛教对世界的"成住坏空"的理解出发，以"简净悟空"的生活禅茶理念为核心，设计了五步。

第一步"净心成相"：以清净心选择茶叶、茶具、水品、插花等，布设茶席；第二步"慈心化相"：以慈悲之心泡茶，温杯烫盏，润茶、泡茶、分茶；第三步"用心住相"：以凡夫之心品味茶汤，嗅其香，品其味，感悟一杯茶汤的魅力；第四步"虚心离相"：以虚静之心，放下贪念和执着，达到无念无执的境界；第五步"空心无相"：收具散席，心中无所有。禅茶一味，是一非二，无所执着。

正值乙未年初冬，下元节前一日，十八湾农庄茶园里的茶花正开，我折了一枝，上有五朵，一朵含苞待放，两朵花苞稍小些，另有两朵花苞极小。一枝五朵，暗合五步禅茶。壶选紫泥掇球，龙把儿公道杯为透明玻璃材质，品茗杯为白釉粗砂肌理，有六个，杯托为藤编圆饼状，茶帘为土黄色，由细竹编制，下铺扎染太阳花方巾，水盂为白瓷质，上绘有红色芦草，水盂内放有竹叶一簇、茶巾一片、茶荷一个。竹茶匙一个，搭放在云南大豆上，豆上刻有"心心相印"，表达了以茶心与众友相印之意。当晚，沏泡"昌宁红"茶叶，有以云南昌宁红茶祝福众友人"昌盛安宁""吉祥如意"之意。

31 嗜好与茶味的沉浸

每个人都有自己的执念与偏爱。我对儿时味道的偏爱似乎已无法改变。来到无锡生活20多年，基本上都是自己做饭，对无锡本土菜的风味虽然已经适应，但很难谈得上喜欢。行走祖国各地，对各地民俗风情以及饮食基本上都可以接受，这一点，使得我每次出去旅游，都能以最畅快的心情享受旅游带来的快乐。

受儿童时期饮食习惯的影响，辣椒与雪里蕻已成为我饮食中无法缺少的美味。但品味茶的美，却要追溯到大学毕业之后的教学研究了。随着人生阅历的增加，对生活美的感受，也越发丰富与明澈起来。同时对各种茶汤滋味的接受度越来越高，对那些半发酵及全发酵的茶的复杂滋味，也渐生偏好之感。在温和的茶香与滋味之中，感受着茶汤的平和之美、淡雅之美，人也不由得从容起来，我想这种滋味将伴我度过余生。

开在春天里的丁香花

32 不忘初心

不忘初心。我常常想起我入行时的那些念头。记得当时想得最多的一句话就是"干一行，爱一行"。刚入职，对教师的行当不是很了解，谈什么爱呢？所以，我只有不断地对自己说，"先干！干一行，爱一行"。如此，20多年过去了，中间虽然有过动摇，有过苦恼，但依然保持初心，坚持了下来。想起以前面对工作压力时，总是鼓励自己勇敢面对，但那种努力过后却无法成功的苦恼，总是在不断地消减自己的信心。我想如果不是当时自己保持做好一名教师这种初心，恐怕就没有今天的成就。"不忘初心"，我现在的理解依然是"用心如初"！当初入行时的那种真诚，那种认真，那种积极探索，那种努力学习的精神依然不能忘记。作为一名资深的教师，现在越来越感触到这四个字的力量。因此，我特地请朋友帮我刻了一枚印章，以提醒自己，时刻要用心如初，做好本职工作，将中国茶文化传播下去。

33 心中无茶

乙未年夏，受我院大学生社会实践团队相邀，与6名本科生前往四川汶川县做暑期社会实践调研。在重建后的映秀镇，有缘与"茶祥子"创始人蒋维民先生共坐，品其手制"大土司"黑茶，听先生论茶，心中产生了共鸣。先生说，饮茶有几层境界：手中有茶，心中有茶；手中有茶，心中无茶；手中无茶，心中有茶；手中无茶，心中无茶。人生在无有之间，借由茶感悟做人之道，感悟宇宙之奥妙。先生对师生一起行走实践，持肯定态度，特别强调了为人师之不易。有时候，老师的一句话，所做的一件小事，都能在学生的心上记一辈子，用他的话来说就是"住心"。所以，为师者，不可不慎，为师者不能不常常检视自我，以德育人，以文化人，以自己的所作所为影响有缘与你相识的学生。

“茶祥子”立足映秀，愿其能把西路边茶的美味带给更多的爱茶人。

34 万紫千红昌宁红

乙未年秋，作为第二届中华茶奥会的特邀嘉宾，我走进了“千年茶乡，田园城市”云南省昌宁县，拜访了千年古茶树，品尝到了昌宁红。昌宁红茶，发酵度不高，汤色红艳中带金黄，茶叶芽头嫩，耐泡度高。在昌宁期间，“千年茶乡”人民的热情，以及高原生态的纯净与美好，让我流连忘返。昌宁拥有非常丰富的茶资源，加上多姿多彩的民族文化，昌宁茶文化发展潜力必将无限。如今，中华全国供销合作总社杭州茶叶研究院把昌宁作为重点科技示范县，加强合作，先后派驻多名博士在昌宁挂职，为昌宁注入了现代茶产业发展的新动力，相信昌宁茶产业的明天会更加美好！

35 一叶茶香　丽水松阳

与美丽的松阳邂逅，是在丙申年江南的梅雨季节，受张师兄相邀，一起去看松阳的茶香小镇规划设计项目。项目已经开工建设，边建设边引进，政府对该项目抱有极大的期望。我们实地考察了项目的概念性规划及正在建设的部分项目，发现这是一个集生产、生活、生态于一体的茶文化风情小镇建设项目。

闲暇之际，我们在由国内知名设计师许甜甜设计的松阳大木山茶生活馆的茶室里吃茶。茶艺师拿来一个大瓷碗，粗茶铺满碗底，提壶冲茶，只见茶

叶翻转，不一会儿碗中的茶汤便"绿意盎然"。屋外热浪滚滚，屋里凉爽宜人，再喝上一大口大碗茶，人立刻就凉快下来。环顾四周，发现这个茶室内壁是黑色，房顶亦是黑色，房顶中部开了一个矩形的天窗，室内的桌椅都是黑色。这个茶室集"天、地、人、茶"于一体，坐在其中，更能体会到人与人、人与茶、人与自然之间的各种奥妙关系。

品茶自然山水间

俯瞰松阳镇，我的头脑中不禁闪现出一片茶叶的图景，一叶茶香，此中一叶。在松阳，有道教天师叶法善施茶救人之传说，冥冥中这茶香小镇与传说竟暗合。今之松阳茶香小镇，定是顺遂天意之造。

松阳，在一片茶叶中，扬帆起航！

36 卖茶的骗术

朋友从国外乘飞机回来。在机场，偶遇一位慌慌张张的中年男士。他手里提着三个一样的茶叶礼盒，和朋友说，他着急赶飞机，自己是黄山市的某企业的高工，三盒黄山毛峰茶叶无法带上飞机，想转卖给他。朋友说，看上去此人言谈举止与自称的身份非常吻合，又是发名片，又是说好话，于是决定帮助他。该男子表示三盒可以以一盒的价格转让，朋友最终花400元买下三盒，给了200元现金，又微信转了200元。但在微信转账时，发现此人微信上填写的所在地区为雄安区，非安徽黄山市，朋友不禁心生疑惑。

回到家，朋友邀我一起品茶，遂打开了一盒黄山毛峰。看干茶，不像黄山毛峰，以沸水冲泡，开汤品饮，确实是新茶，但香气中有生青气，滋味也较为淡薄，且有苦涩味。当朋友分享了得茶的故事之后，大家一致表示，朋友上当了！这是专门在机场卖茶的一种销售方式。我估算了一下三个礼盒的成本，礼盒包装 15~20 元，茶叶装得不多，品质也不高，三盒估价约 100 元，该男子净赚 300 元。朋友也算是阅人无数，但还是上了伪装巧妙的骗子的当。当然，该骗子还算有点良心，毕竟没有卖毒茶叶。

狡猾的骗子通过茶叶来谋利的事，我亲眼见过好几次。很多年前，在苏州火车站，就有自称是杭州送货（龙井茶）司机的，从车上拿下来几盒龙井茶，还拿出龙井茶的发票证明给路人看，目的是让人们相信他手上的茶是真的，然后以低于市场几倍的价格卖出去。又如，在杭州西湖边，我也遇到过一些老太太，她们自称是茶农，将一罐 10 元的龙井茶卖给你。再如，在北京某酒店的大厅，我遇到一个男子，他主动搭讪说要送我茶叶。假如真要了，从酒店外面会过来一辆小轿车，轿车司机会拿出茶叶礼盒送给你，而这时男子会主动发起语言攻势，让你不好意思免费拿茶叶，从而以给司机跑腿钱、油钱或香烟钱之类的方式掏腰包。我在杭州西溪湿地景区，还见到过一些小店门口有炒茶的铁锅，锅里面放着新鲜的茶叶，而卖的茶其实是由茶树修剪下来的粗老叶子制成的，

800 元的"黄山毛峰"

根本没有饮用价值。

还有一种比较可怕，就是把茶叶当作传销物。比如，湖南安化的黑茶。这种茶叶传销术多流行于乡镇等小地方，骗子利用黑茶可以消滞去腻的特点，夸大宣传，对听众进行洗脑。

但无论耍什么花招，假如你不起贪念，不想天上掉馅饼的美事，骗子也无法得逞。

跋

    2012年的春雨竟然持续了约40天，清冷的雨水与焦虑的情绪让我觉得
自己似乎患上了忧郁症。消极颓废的情绪困扰着内心，好在有清茶相伴，抚
慰了我的焦虑。沉醉在清雅的茶香与朴素的紫砂壶所构建的时空里，不禁忘
却了周围的一切压力与不安，以茶涤烦，心中的阳光穿透云雾，驱散了我脸
上的愁云。

    2014年4月1日，习近平主席在比利时布鲁日欧洲学院演讲中谈到"茶
酒之喻"，对中国茶文化内涵进行了延伸："正如中国人喜欢茶而比利时人喜
爱啤酒一样，茶的含蓄内敛和酒的热烈奔放代表了品味生命、解读世界的两
种不同方式。但是，茶和酒并不是不可兼容的，既可以酒逢知己千杯少，也
可以品茶品味品人生。"茶令人清醒，酒使人焕发激情。茶是我生命中的一味
良药，带给我惊喜，抚慰我内心的焦躁。正如《茶，一片树叶的故事》六集
纪录片，诉说着茶汤人情，是爱茶人的饕餮大餐。茶叶映照了人心，人们围
着茶桌，端着茶碗，闻香细啜，感悟着茶至心之美，感叹着心至茶之真。

    感谢江南大学商学院、江苏省品牌战略与管理创新研究基地对本书出
版的资助，本书亦受中央高校基本科研业务费专项资金（the Fundamental
Research Funds for the Central Universities）：江南文化研究院基本科研
业务费专项——大运河文化带跨区域生态文明建设研究（JUSRP120104），
中华老字号品牌活化与国际化研究（2019JDZD07）项目及江南大学校级教

改项目:《中国茶道与茶艺》通识教育课程（JG2J20507）的资助。本书的顺利出版，还要特别感谢我的导师徐兴海先生、书法家弘嵩先生，以及中国财富出版社编辑的大力支持。

泡一壶清茗，涤烦识自心，茶带给我太多太多。人过中年，内心越来越简单与平静。茶与壶是载体，器物载道，有缘之人能睹物溯源，悟器物理趣之奥妙，定心生慧。

在碎片化的网络时代，似乎生活中的一切都在破碎重组。教学上有了慕课（MOOC）、微课，网络上流行起了3~5分钟的微电影，微信朋友圈升温了，微博平淡冷清了，博客已经鲜有问津，甚至人们走路、吃饭、上厕所都捧着手机，因此在茶会或饭局上，参与者只能提议上交手机，以强制的方式让人们暂时远离网络。须知，人与人的面对面交流重要，人与茶的交流重要，人与自心的交流也重要。在网络时代，这些交流无法被替代，所以我们要更加重视和珍惜每次因茶的相聚。一期一会的茶聚，总是令人感慨年华流逝，让我们共同分享茶汤的美好。

本书记录了近几年在教研与生活中思索茶与壶文化之闪念，大多短小，偶有长论，分享我喝茶的心得，希望能带给爱茶的朋友以理性思考。每每端起茶碗，常思日本稻盛和夫先生之问："作为人，何谓正确？"借由茶汤，我们反省自我；借由茶汤，我们找到人生的使命。倘若能达于此，则与茶之缘甚深矣。

有好茶喝，会喝好茶，是一种清福。愿你我都能享受人生的茶味时光，得清雅闲逸之福。有茶的人生，内心明澈，淡定从容。

胡付照

己亥冬月 于无锡运河畔观一居

胡付照诗、朱郁华书法作品《朴玄望乡》

朴玄望乡

胡付照

三月探春香七泉

五月榴火荆涂间

夜月舞醉花鼓里

水月心空怀远山